JN247700

Connected
Autonomous
Shared & Services
Electric

CASEがよくわかる本

AIとネットワークで変わる自動車と社会

神崎　洋治 著

秀和システム

はじめに

2020年4月、ついに自治体によって、ハンドルのない自律走行バスの公道における定常運行がはじまります。実証実験ではなく定常運行として、自治体が行うのは日本で初めてとなります。場所は茨城県境町、ソフトバンク子会社のSBドライブとマクニカの協力の下、車輌は仏ナビヤ社の「NAVYA ARMA」（ナビヤアルマ）を3台使用します。町内の医療施設や郵便局、学校、銀行などを結ぶ往復約5kmのルートが予定されています。運賃は無料。白ナンバーでの運用です。

現行の法律では運転士を配置せざるを得ないため、バスには運転士と補助員の二人が乗り込み、自動運転「レベル2」で走行します。ただし、技術的に見ると運転士は実質的には緊急時のみ対応するため「レベル4」での走行を行います。

ルート内には7基の信号や横断歩道があります。自律走行バスは信号機と通信する「信号協調」を行って、ルート上の信号それぞれがいま何色か、何秒後に変わるか等の情報を走行中に取得します。遠隔監視としてSBドライブの運行管理システム「Dispatcher」（ディスパッチャー）を使用します。「Dispatcher」はバスの周囲や車輌の中を遠隔から監視できるほか、緊急時には遠隔操作でバスを操作することもできます。

境町は人口約2万4千人、東京や成田から1時間圏内ですが、町内に鉄道の駅はありません。これを実現するために町は5年間で5億2千万円の予算を考えています。国への補助金の申請は行っているそうです。

このプロジェクトは現在の技術、法律、資金、環境を考慮したうえで、一般公道での自動運転バスの実現に折り合いをつけてソフトランディングさせることになります。

以上、「はじめに」の中でいくつかの専門用語を使いましたが、これらの用語は本書内で解説します。

これから数年間で、自動車とそれに関連する社会に大きな変革が起ころうとしています。自動車はインターネットとつながる「コネクテッドカー」となり、自動運転の実用化への挑戦が次々と行われるでしょう。自動運転とスマートシティが実現した先には、街のしくみも大きく変わります。マイカーを所有する人は激減、クルマを運用することで新しいビジネスを生み出していく「クルマは可動産」という考え方も聞かれるようになってきました。

トヨタ自動車は2020年1月に米ラスベガスで開催されたイベント「CES 2020」において、人々の暮らしを支えるあらゆるモノやサービスがつながる実証都市であるコネクティッドシティ「Woven City」(ウーブンシティ)を東富士に作ることを発表しました。175エーカー(約70.8万平方メートル)の広さで、2021年初頭から着手・着工します。自動車メーカーが街を作るなんて、と首をかしげるかもしれませんが、自動車メーカーは近い将来、自動車を作っているだけでは生き残っていけない、それほどの変革を世界的にもリーダーであるトヨタ自動車が感じていることを示しています。

人々が実際に生活するリアルな環境(新しい街づくり)のもと、自動運転、モビリティ・アズ・ア・サービス(MaaS)、パーソナルモビリティ、ロボット、スマートホーム技術、人工知能(AI)技術などを導入・検証できる実証都市を新たに作るのです。人々の暮らしを支えるあらゆるモノ、サービスが情報でつながっていく時代がやってきます。それを見据え、この街で技術やサービスの開発と実証のサイクルを素早く回しながら進化させることで、未来の自動車社会における新たな価値やビジネスモデルを生み出すことが狙いです。

本書では、未来へのキーワードである「CASE」を体系的にわかりやすく、入門用として解説しています。机上の理論や考え方を解説するのではなく、今、大手企業やスタートアップ企業、自治体らが実際に行っている先進的な実証実験の事例を数多く紹介し、そこから未来像を思い描いて欲しいと考えています。

2020年2月
神崎　洋治

図解入門 How-nual

図解入門
最新CASEがよくわかる本

CONTENTS

第2部 自動運転社会に向けて加速する最新動向

第3章 自動運転と配送クライシス

第4章 自動運転バスの公道走行

第5章 自動運転タクシー

第3部 自動運転を実現する技術

第6章 自動運転の開発を急ピッチで進めるトヨタ

第7章 自動運転とAI

第4部 変わりゆくクルマ社会

第8章 自動運転と社会の関係

第9章 クルマ社会の変革を支えるテクノロジー

第1部
社会を変革する「CASE」とは

第1章

自動車産業から社会を変える「CASE」の波

2019年8月、トヨタ自動車は、スズキの株式約5%を取得して資本提携する方針を発表しました。トヨタがスズキの株式を960億円で取得、スズキはトヨタの株を480億円で取得するというものです。もともと両社は2017年に業務提携に向けた覚書を締結しているため、それを一歩進めるかたちですが、NHKのニュース報道などでは「100年に一度のクルマの大変革に備えて」「CASEに対応」という文言が踊りました。

「100年に一度の大変革」「CASE」とはいったいどういうことでしょうか。

1-1

CASE とは

自動車産業は今「100 年に一度の大変革の時期」にあるといわれています。それを象徴するキーワードとして「MaaS」（マース、マーズ）や「自動運転」が注目されていますが、それらを包括するのが「CASE」（ケース）という概念です。

100 年に一度の大変革

自動車メーカーやIT 企業の大手が競って自動運転車の開発を行っていることはご存じでしょう。自動運転車が実現すれば、「数年後にはマイカーを自分で運転する必要がなくなるんだね」と感じている人は多いと思いますが、社会の変化というのはそんなものではありません。

自動運転の登場は、個人で「マイカー」を所有する人が激減することを示唆しています。そうなると自動車産業の構造が大きく変わり、膨大な数の企業と仕事そのものが影響を受けます。トラックによる運送や宅配などの物流も変わります。また、それにつれて自動車保険や資産運用も変化していきます。マイカーが減れば駐車場の需要も減り、交通機関を含めて街の様子も一変していきます。

クルマ業界の変化は、それほど大きな影響を社会全体に及ぼすのです。これが大変革と言われる由縁です。

例えば、仮に自動運転車の社会が実現したとしましょう。自動車と自動車はお互いに通信し合い、ぶつからないよう安全に走行します。自動車と信号機も通信し、信号が今、赤なのか青なのか、あと何秒で変わるのかを自動車に伝える世界です。自動運転が実現した社会や交通において障害になるのは、ルールを無視したり守らなかったり、コンピュータが予期せぬ動きをしたりする、**ドライバーが運転する自動車**や自転車、歩行者です。世の中の自動車のすべてが一気に無人運転車に変わり、自転車や歩行者が自動車と別の場所を通行する社会が実現すれば、今よりずっと安全性の高い交通社会が実現することでしょう。

課題はそういう環境は簡単には作れない、ということです。中国では街ぐるみでそのような環境を実現しようと乗り出しています。それに成功すれば、世界のスタンダードとして交通インフラのひとつの形として認知されるかもしれません。

CASEの意味

CASEとは、「**Connected**」（つながる）、「**Autonomous**」（自動運転）、「**Shared & Services**」（シェア/サービス）、「**Electric**」または「**Electricity**」（電動/電気）の頭文字を繋げた造語です。

2016年にパリで開催されたモーターショーにおいて、ダイムラーAGのCEOでメルセデス・ベンツの会長である業界の権威、ディーター・ツェッチェ（Dieter Zetsche）氏が中長期戦略の中で使ったことに端を発しています。

▼CASEの意味

C：Connected（コネクテッド）
A：Autonomous（自動運転）
S：Shared & Services（シェア/サービス）
E：Electric（電動）

1-2

Connected（コネクテッド）

Connectedは「接続する」「つなぐ（つながる）」という意味で、クルマがインターネットなどの通信とつながって、情報のやり取りをしたり、サービスの提供を受けたりすることです。他にも人（スマホ）とクルマが通信でつながる、クルマとIoTデバイスがつながる、クルマと街（インフラ）がつながる、クルマ同士が通信してつながることも含んでいます。

つながるクルマ

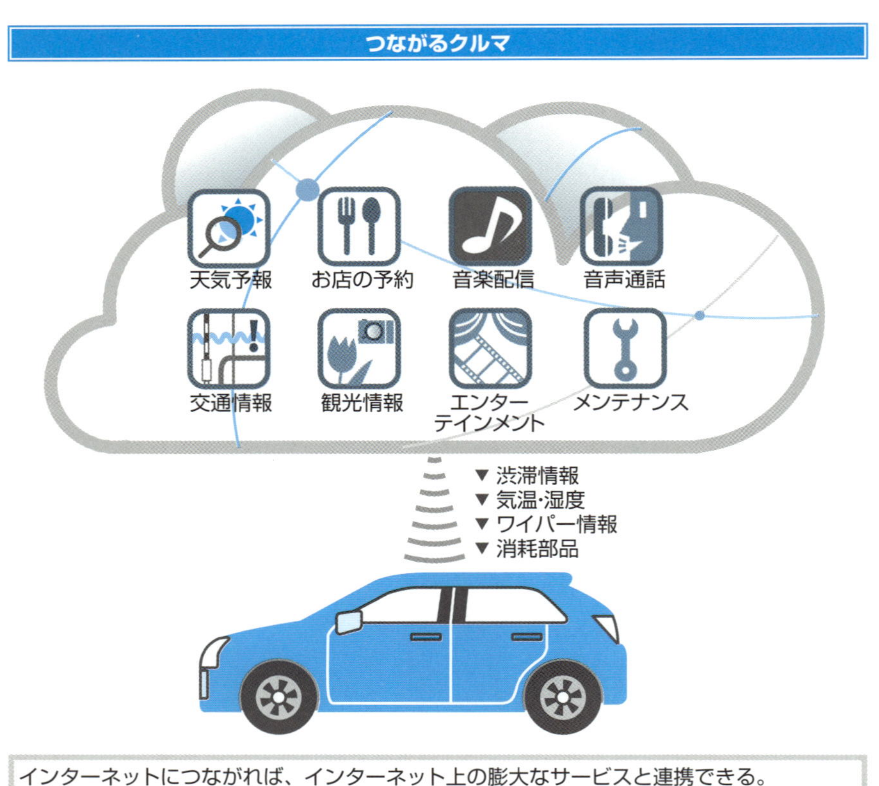

インターネットにつながれば、インターネット上の膨大なサービスと連携できる。

つながるクルマ

基本的には、クルマがインターネットにつながりさえすれば、クラウド、サーバー、スマホ、タブレットなど多くの機器やサービスと容易に情報をやりとりできるようになり、クルマでできることが大きく広がります。

コネクテッドカーとは、狭義にはICT端末機能を持った自動車、つまり「つながるクルマ」を指しますが、最近ではこれらの概念として使われるワードになっています。

クルマからの情報発信

また、クルマが情報提供される側だけでなく、情報提供する側になれます。クルマには様々なセンサーが取り付けられ、アクセル、ブレーキ、ウィンカー、ワイパー、速度、気温・湿度等、様々な情報がクルマから取得できるようになります。それをクラウドに向けて発信することで情報共有に役立てられる可能性があります。

例えば、渋滞情報です。道路上で複数のクルマが停止とノロノロ運転を繰り返していれば、そこは渋滞が発生していると推定できます。また、ワイパーを使っているクルマが多い地域は雨が降っていることが推定できます。

実際に、どちらも既に実証実験は始められています。

例えば、ワイパーの取り組みはウェザーニューズとトヨタが共同研究を始めています。2019年11月1日より1か月間、対象地域を走るトヨタのコネクティッドカー、クラウン及びカローラスポーツの一部から得られるワイパーの稼働状況をクラウド上のマップに表示して可視化し、実際の気象データと照らし合わせる実証実験です。これによって、気象データと実際の降雨のずれを調べたり、クルマの実データから降雨情報を実用的に共有できたりするかどうかの実験です。なお、ワイパーデータについては、トヨタのコネクティッドサービス利用の車両から収集した車両データに対して統計処理を行ったもので、個人が識別されない形で運用していくとしています。

ワイパーとウェザーリポートデータの画面例

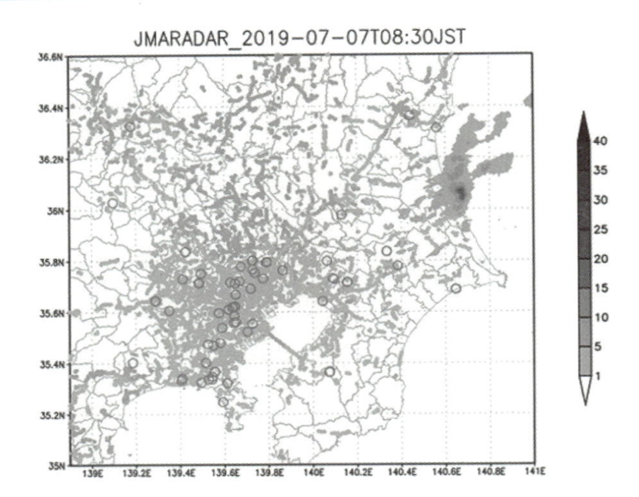

ワイパーの稼働と、雨に関する報告があった地域とを比較する実験（2019年7月7日8時30分の画面）。詳細は、222ページ以降を参照。

DCMとSDL

トヨタは、2018年6月に販売を開始したクラウン及びカローラスポーツを皮切りにコネクティッドカーの本格展開を開始しています。今後国内で発売するほぼすべての乗用車に**車載通信機**（**DCM**：Data Communication Module）を搭載していく予定です（詳細は**220ページ**を参照）。また、ウェザーニューズは、全国約1.3万地点の独自の観測網に加え、ユーザーから届く1日18万通もの天気報告を活用することで、高精度な天気予報を実現していて、この2社が組むことで、実用化へのプロセスが加速しそうです。

また、このように自動車の情報とアプリやサービスを連携するための規格は「**SDL**」（Smart Device Link、**スマートデバイスリンク**）と呼ばれ、トヨタをはじめとした自動車メーカーが共同で普及に取り組み始めています。クルマやバイク、カーナビや車載器等とスマホを連携させるための国際標準規格です。自動車の情報をスマホアプリに反映させたり、車載機からスマホアプリを安全に操作したりできるようにするものです。既に2019年後半のカローラの全モデルが対応しているほか、車載用端末等も開発される予定です。

V2V（車車間通信）とV2X

クルマで実現したい通信の機能によっては、インターネットを介していては、遅すぎるものもあります。即時に判断が必要なもの、情報のリアルタイム性に「瞬時」を求められるものは、クルマ同士で通信する技術が研究されています。これを「**V2V**」と表現します。Vehicle to Vehicle（ビークルツービークル）の略称で、日本語では「**車車間通信**（車両間通信）」と言います。

自動車同士が情報共有するイメージ（想像図）

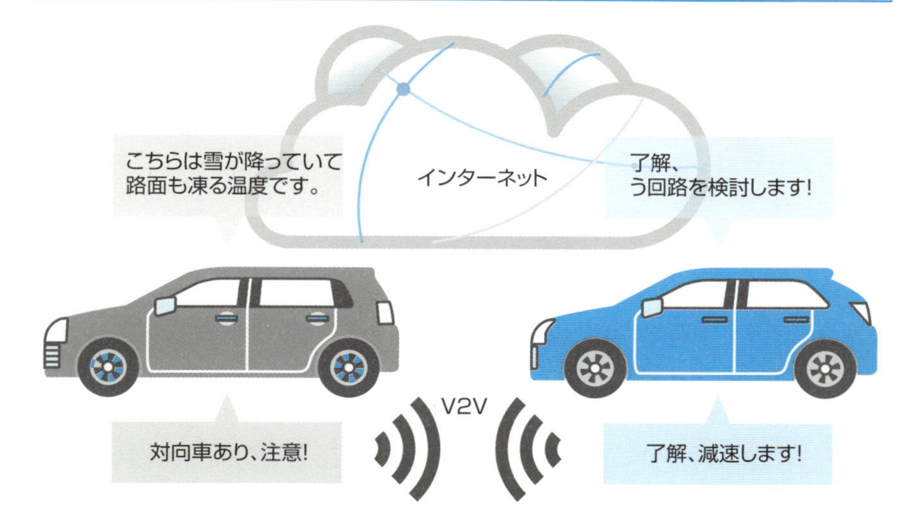

上の例の情報はインターネットでの共有に適している（広く多くの自動車と共有すべき情報）。下の例の「対向車」や「道路上の障害物」「危険な歩行者/自転車」などの情報は、後続車に対して瞬時に伝達しないと意味がない。

同様に、クルマと「何か」（X）をつなげることを「**V2X**」（Vehicle to X）と呼びます。「何か」とは、ネットだったり、人だったり、インフラだったり、クルマだったり、と対象物が複数、もしくは対象を特定しないことを示しています。

▼V2X関連略語

V2V	Vehicle to Vehicle	車車間連携（通信）
V2N	Vehicle to Network	自動車とネットワーク（インターネット）の接続
V2I	Vehicle to Infrastructure	自動車とインフラ（信号機や道路など）との連携
V2P	Vehicle to Person（Pedestrian）	自動車と人（歩行者）との連携

MaaSとは

1-1節で登場した「**MaaS**」という用語も、「コネクテッド」に関連する重要な分野を指します。「MaaS」は**Mobility as a Service**（サービスとしてのモビリティ）の略で、「Mobility」とはクルマを含めたモビリティ（移動）を指し、移動に関連するサービスを提供する概念を指します。主にスマートフォンやパソコン、通信ネットワーク、クラウド、IoT、AIなどのICT技術を活用したものです。

代表的なものが電車やバス、タクシーなどの公共交通手段によるモビリティをひとつのサービスとしてとらえ、シームレスにつなごう、という考えです。その場合は公共交通を対象とするので、あえてマイカーを含めない場合もあります。最近では、「公共交通が対象」という枠を飛び越えて、マイカーやカーシェア、レンタサイクル（シェアバイク）、電動車椅子等の小型モビリティまで含めたものとして捉えられています。更には、交通と観光事業やショッピングなどの消費行動につなげたもの、交通と各種ICTサービスとつないだものなど、極めて広義に捉えた「MaaS」が一般的になっています。

例えば、鉄道会社主導で実践しようとしているMaaSの一例が次の図です。MaaSアプリを提供し、乗り物/乗り換え検索を行うと公共交通機関がシームレスに表示されます。ABC高原へ行くには、電車で△◇駅に行き、そこからバスでXY植物園へ。そこでレンタサイクルを借りてABC高原へ。ABC高原近くの温泉旅館で一泊……という具合です。更に、それら交通チケットや周遊券、宿泊代、入浴料などがアプリで決済できたり、クーポンを利用して安く買い物ができたりするなど、ユーザーへの付加価値を連携しよう、というものです。

本書では、自動車産業だけにとらわれず、CASEに関わるMaaS関連の技術やコンセプトも解説しています。

MaaSアプリの一例

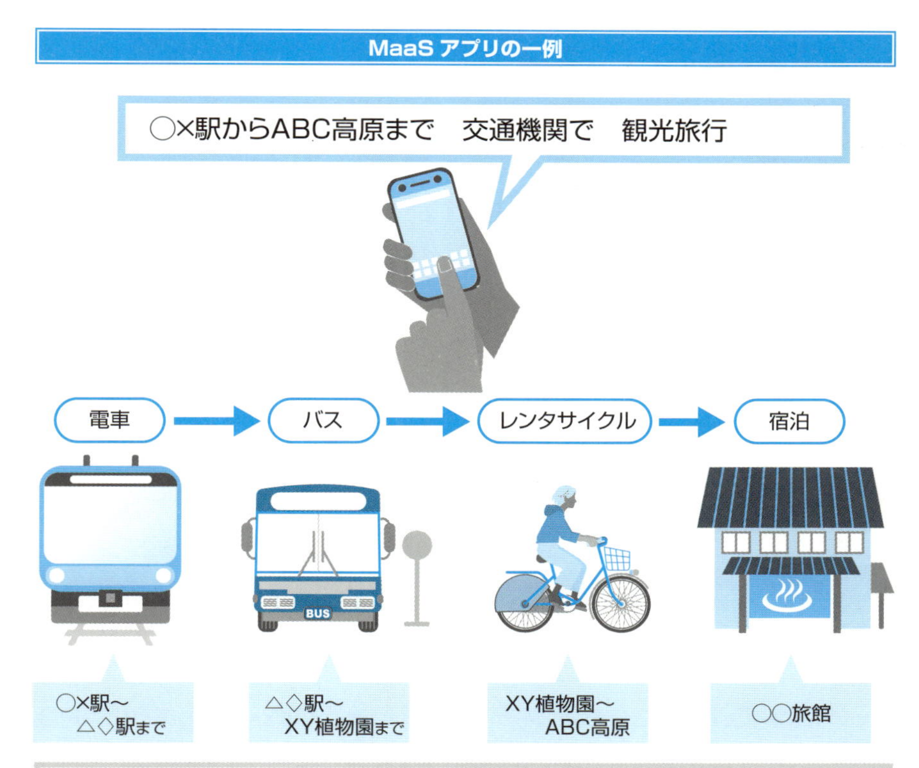

公共交通機関、レンタサイクル、観光施設、飲食店、宿泊施設などの情報をシームレスに提供する。

1-3

Autonomous（自動運転）

Autonomousとは自動運転のことを指し、Autonomous CarやAutonomous Vehicleなどとも呼ばれます。ゴールは運転手が要らない自動車ですが、公道を自由自在に走るのはまだもう少し先になりそうです。そこで自動車業界は、最新技術を競って開発した、自動運転につながる要素技術を搭載し、「運転支援システム」として、現行の運転手が必要な自動車に追加して販売を行っています。

「運転支援システム」の内容

「運転支援システム」の内容は、前を走る自動車と一定の間隔（車間距離）をあけて自動で走ったり、高速道路ではレーンに沿って走ったりする技術などです。道路の白線を踏んだり、ふらついたり、はずれたりすると警告するシステムなどもあります。また、周囲の障害物を自動車のセンサーが検知して、警告（アラート）を発したり、自動でブレーキ（制動）がかかったりする機能も実装段階にあります。特に、高齢者がアクセルとブレーキを踏み間違えることで衝突する事故が起きているので、前進と後進のギアを間違えてスタートしたときにも自動でブレーキがかかります。縦列駐車を自動で行ってくれる技術も実現されています。

これらの状況を見れば、まずは高速道路から、運転を完全に自動車に任せる自動運転はすぐにでも実現できそうだと感じるのではないでしょうか（もちろん運転者は運転席にいて、万が一の場合に対処しなければいけません）。高速道路における運転はルールがシンプルで、運転手がやるべき操作は比較的単純だからです。

一方、街中の運転は比べものにならないくらい複雑です。周囲のあらゆる角度と方向から予期せず歩行者や自転車が現れます。対向車や車線変更のクルマ、障害物、道路の幅も刻々と変わります。複雑で多様な標識を認識し、信号機の指示を正しく判断しなければいけません。これらは常に事故につながる危険性を持っています。

では、運転手が要らない自動運転車はいつ頃実現するでしょうか。

運転支援システムが搭載され始めてはいるものの、都心部のように交通量の多い一般公道をドライバーが不要な自動運転車が普通に走るようになるのは、前述のようにまだ先の話です。しかし、それは技術が未熟だからという理由ではなく、むしろ環境面が整っていないためです（詳細は**第2部**で解説します）。

自動運転が安全な理由

「いやいや、技術的にも、コンピュータは人間の運転には全く敵わないでしょう？」と感じている人も多いと思いますので、「自動運転車の方が、人間が運転するより安全」と言われている理由をまず解説しておきましょう。

そもそも、どのような技術で自動運転を行おうとしているのでしょうか。
そのしくみを概要から説明します。

自動運転プラットフォームを開発中のNVIDIAのAI CAR「BB8」

運転車がサンルーフから手を出しているのはハンドルを持っていないこと（自動運転）のアピールのため。

自動運転車は目とセンサーで安全を判断

人間は主に、目から情報を得て安全に運転しています。視界に頼っている状況ですね。自動運転もカメラとレーザーセンサー等で視界を得ています。いわば人間の視力（ビジョン）と感覚を、カメラとセンサー類に置き換えて、システムが自動車を運転しようとしています。

人間のビジョンはフロントガラスから見える視界がほとんどですが、自動運転の場合は複数のカメラを使って、360度、周囲の映像を常に捉えることができます。道路の幅や車線はもちろん、周囲を走るクルマや自転車、往来する歩行者などを認識し、どのように動くかを予測して、自車が走れる位置を特定してその範囲内で走行します（その基礎になるディープラーニングやニューラルネットワークについては**第３部**で解説しています）。

ディープラーニングによって周囲のクルマを認識し、距離を推定する

晴天時のハイウェイでの実証実験映像。

出典　NVIDIA 公式イメージ動画（次の5点も）

時として、天候や明るさが運転者の視界を阻みます。雨、霧、吹雪、夜間の運転、まぶしい夕日などがその例です。最新のカメラシステムではできるだけ雨や霧といったノイズを除去してクリアな視界を得る技術が開発されています。

また、自動運転車はカメラだけでなく、**LiDAR**（**ライダー**）と呼ばれるセンサーシステムを装備しています。Light Detection and Ranging、またはLaser Imaging Detection and Rangingの略称で、秒間数万発のレーザー光を放って、反射した電波を解析して周囲の状況を感知するのです（レーザー光は通常、目視できません）。レーザー光にも弱点があります。レーザーは周波数が比較的高く、直線的なのでガラスなどを通過してしまい、認識できない場合もあります。その場合に備えて、周波数が低く、ガラスでも反射する音波ソナーを併用する場合もあります。

カメラとセンサー類の情報を併せて使うと周囲に何があるかを容易に検知・判断することができます。夜間や雨天など、人間でも視界が悪いと感じる状況であっても、LiDARセンサーやソナーセンサー、暗視カメラ等との連携で人間より高い視認能力を実現することができます。カメラやセンサーの進化とともに、映像からこれらを識別する能力がディープラーニングをはじめとした「AI技術」で格段に向上しているのです。

NVIDIAの実証実験

雨天でも周囲のクルマとの距離をリアルタイムで計測する実証実験。

夜間の実証実験。

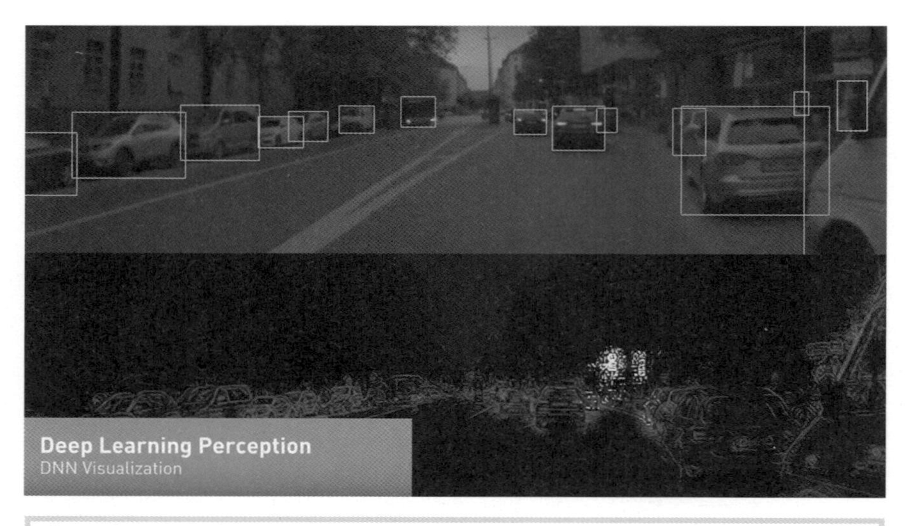

ディープラーニングによって機械学習したコンピュータは、周囲のクルマを個々に識別している。

クルマや歩行者、追い越していくオートバイなどを認識し、自車が進むことができる範囲をリアルタイムで認識していく「フリースペース認知」。

路上の走行では正確な道路マップ情報との連携が重要になる。カメラ（ビジョン）、LiDAR（レーザーセンサー）、マップ、GPS等によって、自車の走行位置やルートを認識する。

これらの画像はNVIDIA（エヌビディア）が開発中の自動運転用のAIプラットフォーム「**NVIDIA DRIVE PX**」（NVIDIA DRIVEプラットフォーム）関連の実

証実験のものです。自動運転技術を研究開発し、先導しているのは自動車メーカーとは限りません。自動車メーカーは安全に、快適に、あるいは速く、便利に走れる自動車を作るのに長けていますが、コンピュータの技術、AIの技術でも先行しているとは限りません。

むしろセンシングの技術は部品として供給してきたボッシュ、デンソー、オムロン、コンチネンタル等が長け、画像分析や予測、情報解析のAI関連技術はNVIDIAなどのAI技術で先行しているICT企業がリードしています。

NVIDIAは2019年夏の時点で、自動運転プラットフォームの技術において、トヨタ自動車、日産自動車、メルセデス、テスラ、アウディ、百度（バイドゥ）、nuTonomy、Uber等との提携を発表しています。

クルマとクルマが情報共有

カメラとセンシングによって自動運転車の技術は向上していますが、技術のポイントはそこだけではありません。自動運転プラットフォームではクルマとインターネット、クルマとクルマ（V2V）、クルマとインフラ（V2X）が情報共有することで、より安全性を向上しようとしています。

例えば、自動走行しているクルマが道路上の障害物を認識した場合、それを瞬時に後続のクルマに知らせることで事故を防ぐ確率は格段に高くなります。数台先のクルマが「右の路地から自転車が交差点に進入していること」を検知した場合、その情報を後続車に共有できれば、右からの飛び出しに備えることができます。

このようにクルマとクルマを含めて、機械と機械が直接通信して情報を共有することを「**M2M**」（Machine to Machine）と呼びます。IoTにも通じるキーワードです。

これを更に広域ネットワークと連携して、広範囲のクルマの情報を共有すると、どんなことがわかるでしょうか。リアルタイムでの渋滞や混雑情報、区間の所要時間、前述のようにワイパーの稼働情報によってどこで雨が降っているのかもわかります。

M2Mで情報をリアルタイム共有

自動車同士が情報を共有することで、事故を未然に防ぐことにつながる。

スマートシティと自動運転

もうひとつのポイントが**自動車と街の通信**です。街灯や信号機等にもカメラを設置して、歩行者や通行する自動車や自転車の情報をクルマとやりとりすれば、安全性は更に高まります。交差点の出会い頭の衝突事故も減り、信号機からの通知で右折後に歩行者がいるという情報も予め認識しておくことができます。人間のドライバーよりも視界が大きく拡がる可能性があります。

これらが実現すれば、現在より確実に事故は減るでしょう。しかし、M2Mによる自動車同士の通信やスマートシティとの連携まで実現するのは自動車メーカーやICT企業だけでは難しく、今後は政府の政策を含めてインフラの整備も注目されています。

スマートシティは、電力などのエネルギー、交通システム、上下水道などのインフラに加え、医療、介護、健康促進、教育、防災などもICTを活用して効率的に運営しようという構想です。具体的には地球温暖化対策、エネルギー需給や効率向上を中心に既に日本各地で実証実験が行われています。今後は医療や健康、新産業の創出などへと展開する予定です。自動車を含めた交通システムとICT化の連携の推進も今後は順次進められていくと考えられています。

なお、小田急電鉄と江ノ島電鉄は、神奈川県と連携して江の島周辺の公道において、自動運転バスの実証実験を2018年と2019年に実施しています。自動運転バスはSBドライブと先進モビリティとの協力によって開発されている車両を使っていますが、2019年の実証実験では、信号機と自動運転バスが連携して運行し、コース上のすべての信号機の色を常に把握し、次の信号機は何秒後に色が変わるのかも、自動運転バスのシステムは把握していました。また、信号協調による自動運転による右折も実践されています（詳細は**第2部**で解説します）。

街がクルマと連携

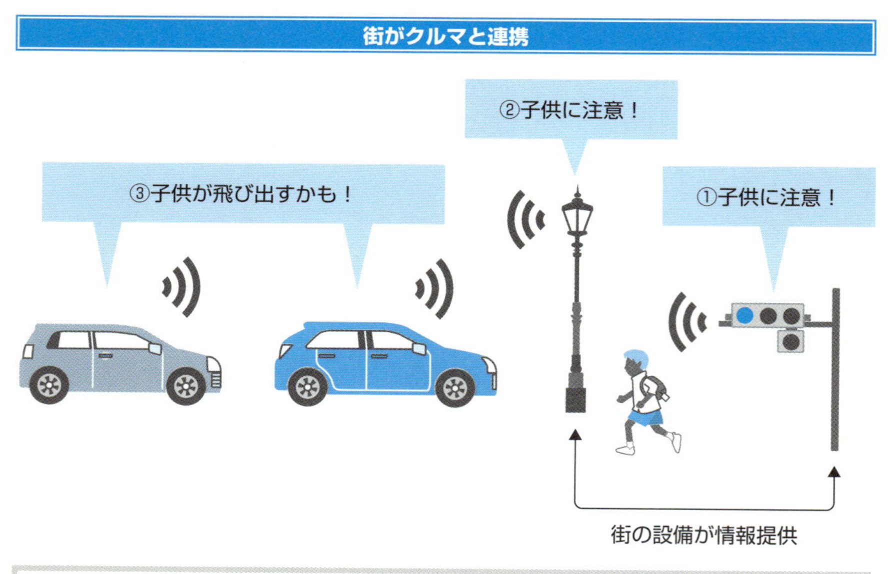

信号機や街灯など、街の設備が交通状況を見守り、危険を共有する。

M2M、IoTと次世代通信

自動車や農業など、屋外で「M2M」で使用することが現実化している理由のひとつに、通信の充実が挙げられます。モバイル通信は携帯電話やスマートフォン用に4G（第４世代携帯電話ネットワーク/LTE）が普及していますが、これは人と人、人とネットワーク（サーバ/クラウド）とのコミュニケーションを想定して作られたものです。携帯電話会社のプランもスマートフォンや携帯電話で使うために用意されたものがほとんどだったため、多数のM2Mで利用するには料金が高額になってしまい、これまではコストが合わなかったのです。

しかし、農業や産業界に「**IoT**」が普及することで、その状況が一変しました。IoT用、M2M用の通信プランが商品化され、月額数100円から4G、または3Gネットワークが提供されはじめました。更に、通信速度は100 ～ 250 kbpsととても遅いながら、通信可能な距離が最大10 ～ 100 kmと幅広い、「**LPWA**」（Low Power, Wide Area）という通信規格が登場しました。こちらは月額数10円から利用できるものもあります。多くの農業や産業界にはLPWAがソリューションとなって「IoT」（M2M）が普及しています。

自動車もこのLPWAは追い風になりますが、自動車の場合は前述のとおり、4Gでさえも速度的に不十分の面があります。4Gは高速性が追求されてきたものの、クルマ同士が瞬時に通信し、ほぼリアルタイムに状況を判断するために必要な「**超低遅延性**」は考慮されていません。「低遅延性」とはすぐに反応する性能のことです（レスポンスが良い通信）。危険な自転車の存在を10秒後に後続車に通知したとしても、ぶつかってしまった後で受信しては意味がありません。こうしたことを背景に次世代の「**5G**」では、高速性とは別に「低遅延性」が重要課題のひとつとして挙げられています。5Gは4Gにはなかった高速な反応速度を実現し、自動運転の実現を強力に後押しするのです（詳細は**第４部**で解説します）。

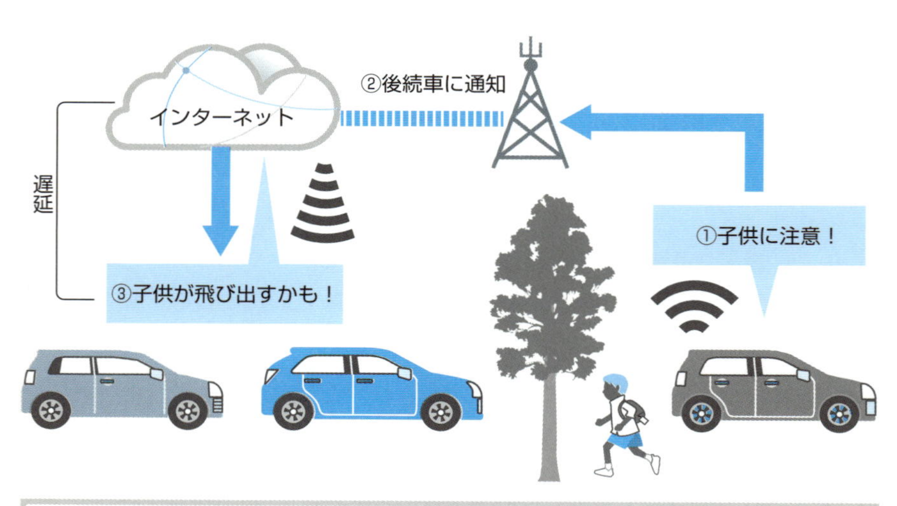

通信の高速化を掲げた「4G」だが、インターネット上で情報を制御・共有していると時間がかかり、リアルタイム性は損なわれてしまう。

リアルタイム処理とエッジコンピューティング

低遅延性（レスポンスの向上）によるリアルタイム処理を実現する際、物理的な距離も課題となります。インターネットはいくつかのサーバやネットワークを通じて通信が行われるしくみのため、IoT端末とクラウドが通信する場合、両者の物理的な距離が遠いほど、通信に時間がかかることが予想されます。

そこで、交通での利用など、IoT端末からのデータを即時性が高いリアルタイム・アプリケーションで処理したい場合は、クラウドに送信せずに近いサーバで処理しようという考え方があります。ネットワーク・サーバ側を「**クラウド**」と呼びますが、一方の端末側を「**エッジ**」と呼びます。エッジに近い側にコンピュータを設置することを「**エッジコンピューティング**」と呼び、リアルタイム性が高く、地域性の高い処理はエッジコンピュータで即時処理し、データの蓄積や解析が必要なもの、広域でデータ共有するものはクラウドに送るという、分散型の処理方法（分散処理）です。自動運転で言えば、区画ごとの歩行者や自転車、クルマの状況はエッジコンピュータでリアルタイム処理し、渋滞情報や事故情報など、比較的広域に利用する情報はクラウドに送信して共有するというしくみです。

エッジとクラウド

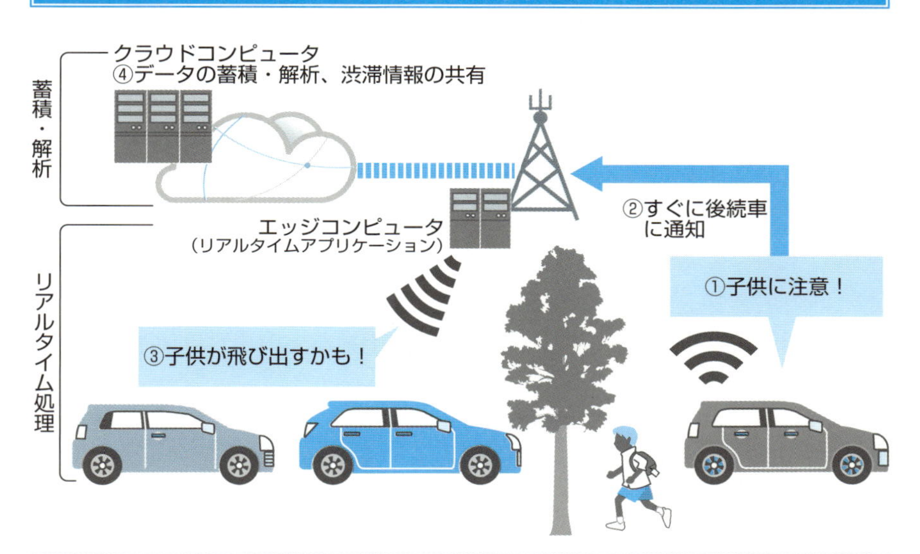

リアルタイムの反応と判断が必要な業務は「M2M」（V2V）通信や「エッジコンピュータ」で超高速に処理する。渋滞情報やデータの蓄積・AIによる解析等は「クラウドコンピュータ」で処理する分散型のしくみが必要。

なお、エッジコンピューティングは「**MEC**」（Multi-access Edge Computing、マルチアクセスエッジコンピューティング）と呼ばれることもあります。

自動運転にはこのような5G通信技術が必要です。日本では2020年春より提供が開始されます（ソフトバンクは2020年3月下旬開始を予定）。全国どこでも使えるようになるのはまだ先のことですが、5Gの普及とともに自動運転車が公道を走る確率は、どんどんと高まっていくのです。

自動運転については**第２部**で詳しく解説します。

1-4

Shared & Services（シェア / サービス）

私たちの生活は「所有する」から「使う」に大きく変化していると言われています。わかりやすい例が楽曲です。古くはレコード、近年では CD を購入して所有することで私たちは楽曲を楽しんでいましたが、今の主流は「Amazon Music」「Spotify」「Apple Music」などのストリーミングに移行しています。すなわち CD を買って「所有」するのではなく、ストリーミングサービスを使うことで楽曲を楽しんでいるのです。そのため「所有からサービスへ」と表現する場合もあります。

では、自動車の場合はどうでしょうか。トヨタ自動車は「クルマのサブスク、トヨタからのご提案」「諸経費コミコミで新車が３年間楽しめる」として「KINTO」という月額サービスを提供しています。また、「カーシェアリング」も普及してきました。

カーシェアリング

「**カーシェアリング**」（略してカーシェア）の車両台数と会員数は、急激に増加しています。

公益財団法人交通エコロジー・モビリティ財団による2019年３月の調査によると、

- 国内のカーシェアリング車両ステーション（駐車場）数は 17245 カ所（前年比 15.4% 増）
- 車両台数は 34984 台（同 19.8% 増）
- 会員数は 1626618 人（同 23.2% 増）

と、引き続き増加するとともに、会員数は160万人を超えました。

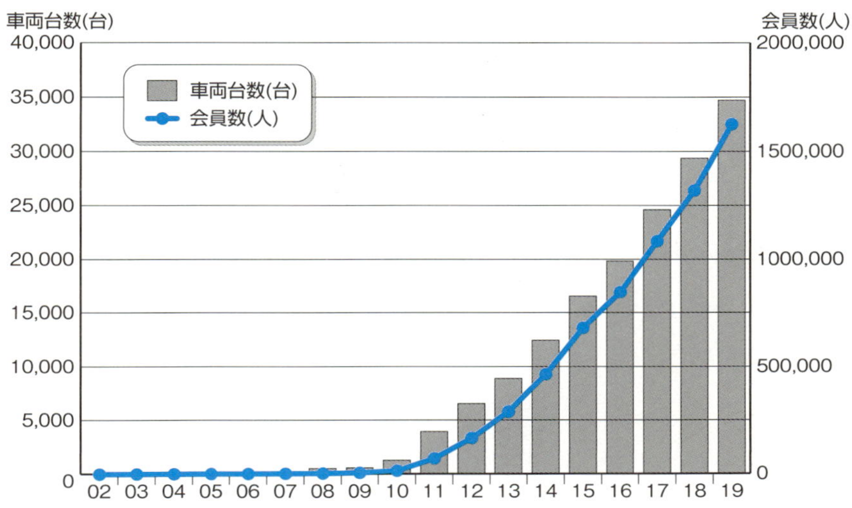

	車両台数(台)	会員数(人)
2002年	21	50
2003年	42	515
2004年	68	924
2005年	86	1,483
2006年	118	1,712
2007年	237	2,512
2008年	510	3,245
2009年	563	6,396
2010年	1,265	15,894

	車両台数(台)	会員数(人)
2011年	3,915	73,224
2012年	6,477	167,745
2013年	8,831	289,497
2014年	12,373	465,280
2015年	16,418	681,147
2016年	19,717	846,240
2017年	24,458	1,085,922
2018年	29,208	1,320,794
2019年	34,984	1,626,618

出典　公益財団法人交通エコロジー・モビリティ財団
（http://www.ecomo.or.jp/environment/carshare/carshare_graph2019.3.html）

カーシェアはクルマを借りるという点ではレンタカーと似ています。カーシェアのサービスの形態はいろいろありますが、代表的なものは月額1000円程度の会費を支払って会員になり、スマホやパソコンなどを操作して車種と場所を予約し、クルマを借りることができます。その際の料金はレンタカーと比べて割安に設定されている場合が多いことや、15分単位の料金計算など、生活や使用目的に合わせて利用できる点が人気となっています。

▼カーシェアリングの利用の流れ（一例：タイムズカーシェアの流れを参考）

①スマートフォンのアプリで車種とステーション（駐車場）、時間を指定して予約する（24 時間予約可能）

②予約時間にステーションに行き、会員カードを予約したクルマにかざしてロックを解除して乗り込む

③グローブボックスからキーを取り出して利用する（車内ではキーやエンジン始動、出発前のチェック等についての音声自動アドバイスがある）

④元のステーションにクルマを返却してグローブボックスにキーを入れ、会員カードで施錠して完了

タイムズカーシェアを例にすると、料金は15分で220円から。自宅や会社の近くにステーションがあれば、休日の買い物や送迎など必要な時に「ちょい乗り」（ちょい借り）できる点も便利です。また、車内には給油時に使用できる給油・洗車カードが用意されているので（指定されたスタンドのみ）、給油スタンドでの支払いや満タン返しの心配はありません（レンタカーの給油や満タンでの返却に負担に感じる人も多いでしょう）。

また、レンタカーを借りる際に必要な面倒な手続きがなく、「受付と返却が無人なので気が楽」という人もいます。

東京都内など、都市部ではマイカーを所有する率が激減しています。マイカーの維持費に加え、都市部では駐車料金が高く、更には渋滞が多いとなると、コストパフォーマンスが著しく低下するためです。こうした背景もあり、クルマ離れ・マイカー離れが加速するとともに、そうは言ってもクルマが必要な時もある、というニーズをカーシェアリングが補っているのです。

カーシェアリングとレンタカーの違いはいくつかありますが、一覧表にすると以下の点が代表的です。

▼カーシェアリングとレンタカーの違い（一般的な比較の目安）

項目	カーシェアリング	レンタカー
会員登録	必要	必要ない
期間	短い（15分～数日）	長い（半日～ひと月）
車種	エコカー、軽自動車やセダン	軽からトラック、高級車まで豊富
予約・使用	スマホで完結（無人）	予約はスマホ可、店頭で手続き
保険料・ガソリン	月会費にほぼ含む	都度別途契約・満タン返し
車内清掃・洗車	利用者責任	店舗が清潔に管理

なお、トヨタ自動車もトヨタ販売店とトヨタレンタリース店によるカーシェアリングサービス「TOYOTA SHARE」をはじめています。また、トヨタレンタカーの新サービスとして無人で貸渡しするレンタカーサービス「チョクノリ！」も全国展開を2019年10月より開始しています。カーシェアリングはレンタカー業界にも大きな影響を与えています。

個人がレンダー（貸主）になれるマッチングサービス

「Airbnb」や「民泊」という言葉を聞いたことがあるでしょう。個人間で部屋を貸し借りするネットのサービスです。「Airbnb」はそれを仲介するサービスで、グローバル展開していて、とても注目されています。ホテルや旅館のような宿泊施設ではなく、一般の民家に泊まるので「民泊」です。

海外では特に「カーシェアリング」でもこの現象が起きています。すなわち、個人でも自分が使わない時間にマイカーを貸し出す「**レンダー**」(貸主)になるのです。借りたい人を仲介するネットのサービスも登場しています。実際、サンフランシスコに住んでいる著者の友人もマイカーをカーシェアで貸すことで副収入を得ています。

日本の個人間カーシェアリングサービス（**マッチングサービス**）は、「CaFoRe」（カフォレ：運営会社はtrunk）や「Anyca」（エニカ：運営会社はDeNA）、「dカーシェア」のマイカーシェア（運営会社はNTTドコモ）、「GO2GO」（運営会社は中古車店「ガリバー」等を全国展開するIDOM）等が知られています。クルマを貸したい人（レンダー）と借りたい人（**ボロワー**）をネットでつなぐマッチング事業として展開されています。こちらは高級外車やスポーツカー、オープンカーなど、ドライブを楽しむための車種が用意されているケースも多くあります。

このしくみもいろいろあります。レンダーが貸し出したいクルマと期間（時間）を入力して出品し、それに対して借りたい人が入札するオークション形式のものがあれば、ボロワーが借りたいクルマの種別や条件を登録し、レンダー側がそれに応えて交渉を始める方法もあります。基本は個人間ですので、クルマの受け渡しはレンダーとボロワーが相談して決めます。駅前等で待ち合わせして受け渡すケースが多いようです。

気になるのは保険や事故などのトラブルがあった時の対処です。レンダー側に「レンダー補償」という保険の加入を義務づけているケースと、ボロワー側つまりドライバー側に保険の加入を義務づけているケースがあります。いずれにせよ、万が一の場合は保険を使って双方で解決するように、というスタンスです。

マッチングサービスを利用する場合、クルマを借りるときも、副業としてレンダーを検討する場合も、保険やトラブル時の対処・対応、返却時の給油・洗車の有無など、条件をよく確認してから利用した方がよいでしょう。

こうした注意点があるものの、カーシェアリングの需要が急激に高まっているのも現実です。

1-5

Electric（電動）

世界的に見ると、自動車の電動化の流れは急激に進んでいます。例えば、インドでは2030年までに、フランスでは2040年までにガソリン車とディーゼル車の新規の販売が禁止される政策が打ち出されています。イギリスも2050年までに環境を汚染しないゼロ・エミッション車への移行を打ち出しています。代替するのは電気自動車とみられていますので、化石燃料を使ったガソリン/ディーゼルから電気への移行は必然的な流れと言えるでしょう。

新産業創出の可能性

しかし、どの国（地域）もある程度の猶予期間を見ていることからわかるように、電気自動車に全面的に移行するための課題も少なくはありません。

最も大きな課題は満充電での航続距離、もしくは充電ステーションが少ないことへの不安です。スマートフォンのバッテリー残量を気にして普段から苦労しているユーザーにとっては、自動車のバッテリー残量で悩みたくないのはもっともな意見です。家庭や車庫（駐車場）での充電をどうするのか、遠乗りした際に気軽に充電できるのか、充電ステーションはたくさんあるのか、といった不安が電気自動車導入の壁になっています。

一方、そこに新しいビジネスチャンスがあると感じている人たちも多くいます。新しいロング·ライフ·バッテリー·システムの開発、急速充電、無接触給電（コードを使わずに充電するシステム）、電気のモニタリングと分析などです。もっと俯瞰してみれば、自動車から家庭（Vehicle to Home）や電力会社（Vehicle to Grid）への電力供給システム、バッテリー・エコ・システムの構築、新しいエネルギーシステムの開発など、EVエンジンやバッテリーを核とした新しい産業の創出や展開の可能性が指摘されています。

1-6
クルマは売れなくなる？

マイカーを所有することがステータスだった時代は終焉し、カーシェアリングが普及すると「マイカーの需要が減ってクルマが売れなくなる」という意見があります。その見方は概ね正しく、将来を見ている自動車メーカーほど、その状況を懸念し、次の一手を講じ始めています。

「マイカー」に代わるビジネスモデルは？

もちろん農業を営むにはトラックが必須ですし、仕事でクルマが必要、という状況はこれからも変わりません。とくに公共交通機関が充実しているとは言えない地域や地方では、クルマは重要な交通手段です。しかし、既に首都圏での若者のマイカー離れが深刻なように、クルマを所有する必然性は失われつつあります。

マイカーが売れなくなるのは、カーシェアリングの台頭だけではありません。カーシェアリングはむしろ、マイカーを持たない人に対してクルマ利用のニーズを埋めるものになります。それより先の未来、自動運転車が普及すると、街中にロボットタクシーが徘徊するようになるかもしれません。都心部でも地方でも、スマホで呼べば玄関先でも駅前でも、ショッピングモールでも迎えに来てくれて、目的地まで安価で送ってくれる世界を社会は目指しています。そうなると、維持費が高額で事故やトラブルの原因にもなる面倒なマイカーを所有する意味はどれだけあるでしょうか？

自動車メーカーはこうした未来を見据え、自動運転の普及と自らのビジネスの着地点を今、手探りで模索しているのです。そして、マイカーが売れなくなる時代に向けて、メーカーからサービス提供会社へと変わっていく必要性を感じている企業も少なくありません。

現時点でリーダーであるトヨタでさえ、次世代のモビリティを「e-Palette」のようなサービス主体のビジネスモデルとして考えていることでもそれは明らかです（e-Paletteについては後述します）。

サブスクリプションモデルへの変革

「何かを達成するために道具や機器を買う」という時代は終わり、ビジネスが大きく変わろうとしています。そして今、多くの分野で「**サブスクリプション**」（期限付き利用権の購入、略称「サブスク」）への変革が行われようとしています。自動車業界もその分野のひとつなのです。

もともと、一部のカーマニアを除いて多くの人は、「自動車を所有したい」から購入するわけではありません。「移動するのに自動車があれば便利だろう」と思うから自動車を購入するのです。自動車メーカーは従来から消費者に自動車を売ってビジネスにしてきましたが、本質は自動車の車体ではなく「移動手段」や「移動できる満足」を顧客に売ってきたとも言えます。実は「サブスクリプション」の本質もそこにあります。

「サブスクリプション」のわかりやい例として「月額課金制」がよく挙げられます。時代は「モノの所有からサービスの提供へ」と変わったので、企業もそれに合わせて、顧客が満足する価値を月額課金で提供する、というものです。例えばCDを例にとりましょう。音楽を聴くのが好きな人はたくさんいますが、多くの人はレコードやCDの「盤」が欲しいのではありません。音楽がどのように提供されるかは気に留めることもなく、気に入った場所・気に入った環境で気に入った音楽を聴きたいのです（もちろん特定のアーティストの熱狂的なファンはこれに該当しないでしょう）。

そして、今では多くの人が気に入った音楽をダウンロードして購入するようになり、街のレコード屋さんやCDショップはどんどん減っています。業界は大きな変革に対応せざるを得ない状況だといえるでしょう。

更に一歩進めてみましょう。

好きなアーティストはもちろんいるでしょうけれど、多くの人は実は「好きな楽曲」「流行っている楽曲」を聴きたいとも思っています。そして好きな楽曲はやがて飽きるかもしれませんし、「流行っている楽曲」は時とともに移り変わっていきます。ユーザーのニーズや満足がその状況にあるとしたら、CDで購入するよりダウンロード、ダウンロードで購入するよりサブスクリプションで契約し、月額を支払って利用する方が適していると考えています。

もう一度言うと「サブスクリプション」の本質はそこにあります。

「商品が『音楽』だからサブスクリプションサービスができるんだ」
そう思う人もいるかもしれません。

では自動車関連業界はどうでしょうか。自動車関連業界はこの流れに大変遅れています。自動車本体は購入した状態で10年使い続けることはしばしば。その間、定期点検やメンテナンスも行わないユーザーも多く、メーカーからのアップデートと呼べるものは深刻なリコールのときくらいです。カーナビの地図情報は古いまま。新しい道路が開通してもルート案内はしてくれません。

筆者の純正カーナビの場合は、地図情報の更新（アップデート）は有料で1万6千円。ディーラーに持ち込まないとできません。更新したところで来年にはまた、新しい道に対応していないルート案内に頭を抱えていることでしょう。大きなカーナビの横にホルダーを設置し、スマートフォンのGoogle Mapsなどの地図アプリを起動してナビゲーションしています。これは本来、コネクテッドしていない自動車メーカーや自動車業界にとっては「危機感」として捉えるべきことですが、ユーザーの満足度をそのようにはかろうとはしていません。

スマートフォンを使い慣れているユーザーは、スマートフォンを通して利用するインターネット（**コネクテッド**）の便利さや快適さを十分に知っています。しかし、日本の自動車産業はこれにほとんど無頓着だった結果、ICTの進化に遅れた産業になってしまったのです。

カーナビに代わるアプリ

カーナビの横に、ホルダーを使ってスマートフォンを設置して、インターネットの地図アプリでナビゲーションしている。常に最新のマップが使えて、道案内のガイドも充実しているためカーナビは無用の長物になった（海外ではカーナビがほとんど使われてない地域も多い）。

次に、カーシェアやレンタカーはどうでしょうか。比較的新しいクルマに乗ることができて、カーナビの古い情報に惑わされることもありません。メンテナンスも行き届いたものがほとんどです。

ただ、さらに言えばカーシェアやレンタカーさえも要らないという人も多くいます。冒頭でも述べましたが、運転することに喜びを感じたり、愛車を所有することにこだわったりする一部の人を除いて、自動車を所有する理由は「好きな時に好きな場所に移動したい」からなのです。その人たちが求めるものは、呼べば来てくれて希望の場所まで乗せていってくれる交通手段です。そのニーズに合ったものが「**ロボットタクシー**」や「**オンデマンドバス**」になると考えられているのです。

「マイカーの所有はやがて主流ではなくなる」から「自動車を販売するのではなく、顧客が満足するサービスを提供していく」体制にビジネスを変更していこう、という変革の本質はそこにあります。

自動車部品のメーカーはどうでしょうか。

マイカーが減れば、自動車部品も売れなくなります。おそらく既存のビジネスは縮小の一途をたどるでしょう。しかし、自動車部品のメーカーにも実はサブスクリプションモデルは存在するのです。

例えば、振動を検知するセンサーや温度センサーを部品に装備することによって、部品自体が自身の故障を予知したり、自動車全体の故障を予知したりするサービスを作り上げ、月額や年額の契約で提供する企業が出始めています。また、自動車部品が検知・計測した膨大なデータをネット上に吸い上げ、それを解析することで新たな情報を価値として提供しよう、という動きもあります。

これまでのように「部品をどれだけの数、売るか」ではなく、「顧客にどれだけ満足度を提供するか」にビジネスの方向性を変えていこうとしているのです。

不動産から「可動産」へ

カーシェアや自動運転が普及した将来、クルマの価値が大きく変わるといわれています。個人間カーシェアリングにその片鱗が伺えますが、クルマをシェアすることで新しいビジネスが生まれるからです。マイカーを他人に貸し出すビジネス、仲介するビジネス、どちらもシェアリングから生まれた新しいビジネスといえます。将来、マイカーを売るというビジネスが減少する一方で、このように今までなかった新しいビジネスがたくさん生まれていくと考えられています。

また、トヨタ自動車とソフトバンクが共同で設立した「MONET Technologies（モネ テクノロジーズ）株式会社」は、新たなモビリティプラットフォームを開発し、未来の店舗やオフィス等の移動式モビリティのコンセプトを発表しています（トヨタの「e-Palette」と同様）。従来は「場所」であった概念がモビリティに直結していることがわかります。1台の車両の内装をそれぞれ変更（換装）したり、ユーザーがシェア（共有）したり、サービスとして提供するなど、従来のビジネスの概念を大きく変えるものになっています。

この構想の普及を仮定した場合、店舗は土地でなく「モビリティ」になり、その価値は不動産から「可動産」となるという見方もあります。いわゆるモビリティがアセットとなり、ビジネスを生み出す源泉資産となることも考えられます。

1-7 トヨタとソフトバンクの協業

CASEが提唱されてからおよそ2年が経過した2018年10月、大企業同士が異色の提携を発表し、大きなニュースになりました。トヨタ自動車とソフトバンクです。発表の会場では、トヨタ自動車の豊田社長とソフトバンクグループの孫代表ががっちりと握手を交わしました。両社は、新しいモビリティサービスの構築に向けて戦略的提携に合意し、新会社「MONET Technologies株式会社」を設立して共同事業を展開することを発表しました。

自動車業界とICT業界の融合

この提携は「自動車業界がICT業界との融合をはかる変革を必要としている」ことを示した象徴的なものです。今後、自動車メーカーは「自動車の販売」という主力事業が減少していき、モビリティサービスの提供に活路を見いだす、大きな変化に迫られていることを端的に表しています。

しかし実は、ICT業界からの視点では、驚きは全くありませんでした。スマートフォンは手のひらサイズでありながら、インターネットと接続（コネクテッド、Connected）することで、膨大な情報にアクセスし、多くの人とコミュニケーションし、ショッピングや決済も可能です。

一方、モビリティはどうでしょうか。目まぐるしく変化するICT業界から見れば、自動車産業は100年もの間、大きな変革なく成長してきた業界です。多くの鉄道、バス、自動車自身はインターネットにもつながらず、人を運ぶことだけに専念しています。もちろん本来の目的はそれですから批判すべきではないにしても、現代のICT技術と連携すれば、もっと便利に快適に、社会的な課題の解決に貢献できるはずだ、と多くの人たちが感じていたはずです。

CASEの、**Connected**は自動車がインターネットやスマートフォンとつながったり、人とつながったり、クルマ同士がつながることを意味しています。ICT業界では実現してきたことばかりです。

Autonomous（自動運転）は、いわゆるロボティクスの技術が重要になります。ロボティクスとはロボット、すなわち「目」（ビジョン）で見て、センサーで様々な状況をセンシング（感覚）し、コンピュータが瞬時に判断（頭脳）して、安全に走行する技術です。そこには高速な通信が必須となります。これらは従来の自動車産業が培ってきた自動車関連技術とは少し異なるICTの要素技術を使って実現するのです。

Shared & Services（シェア/サービス）もまた、パソコンやスマートフォン、携帯電話で培ってきたICT技術や産業形態がコアになります。

こうしたことを鑑みれば、トヨタ自動車がICT産業の雄、ネットワークとセンシング（IoT）、ロボティクスの技術に長けたパートナーと連携したいと考えるのは、とても自然なことです。

トヨタとソフトバンクの提携

2018年10月、トヨタ自動車の豊田章男社長とソフトバンクグループの孫正義代表が握手を交わして新会社と新しいチャレンジを発表した。

1-8

トヨタが最先端の AI &ロボティクス研究所を設立

CASEの提唱が話題になった2016年には、トヨタ自動車は既に「100年に一度の変革」を感じ取っていました。そして具体的に攻めの行動に出ていました。2016年1月、AIとロボティクスへの取り組みを加速するため、人工知能研究の新会社「Toyota Research Institute,Inc.」（TRI）を設立していたのです。

ドリームチームの衝撃

それこそ、ICT業界やロボティクス業界にとって良い意味での衝撃そのものでした。まさに人工知能やロボット分野の第一人者たちを集めたドリームチームによって運営される組織体制だったからです。CEOに就任したギル・プラット氏は、世界的に知られるロボット業界の有名人です。

TRIの設立

TRI設立にあたり、トヨタ自動車の取締役社長・豊田章男氏と握手を交わすTRIのCEO、ギル・プラット氏（左）。

AI＆ロボット研究のドリームチーム

TRIは、スタンフォード大学およびマサチューセッツ工科大学（MIT）と連携して研究を行います。ドリームチームのアドバイザリー・メンバーにはスタンフォード人工知能研究所所長のフェイフェイ・リ氏やMITコンピュータ科学・人工知能研究所所長のダニエラ・ラス氏も名前を連ね、AI界のリーダーたちを招集して最先端に躍り出たいという意気込みが伝わってきました。

TRIのCEO、ギル･プラット氏はDARPA（国防高等研究計画局）主催のロボティクス・チャレンジのプログラム・マネージャー（PM）をつとめた人で、ロボティクス業界では超有名人。その人脈を使ってドリームチームを結成することができたのでしょう。

▼TRIが掲げる４つの目標（プレスリリース原文から筆者が咀嚼済み）

①「事故を起こさないクルマ」をつくり、クルマの安全性を向上させる

②幅広い層の人々に運転の機会を提供する

③モビリティ技術を活用した屋内用ロボットの開発に取り組む

④人工知能や機械学習の知見を利用し、科学的・原理的な研究を加速する

ギル・プラット氏は、電子機器の見本市「CES 2016」プレスカンファレンスのプレゼンテーションで、「その昔、トヨタは織機を作っていた会社だったが、未来を感じてクルマを作る会社になった」、そして「トヨタは今までハードウェア中心の会社であったが、時代は変わってソフトウェアやデータが今後のモビリティ戦略に欠かせないもの、と感じた」「ロボットがトヨタにとって、織機を作っていた時代のクルマのような存在になり得る」（要約）と言っています。言い換えれば、マイカーはもしかすると織機のような存在（一般庶民からは忘れ去られた存在）になるかもしれない、ということを意図したものでしょう。

CES 2016 プレゼンテーションの様子

Toyota Research Institute, Inc.のCEO、ギル・プラット氏。プラット氏は世界的なロボット技術の大会「DARPAロボティクス・チャレンジ」のブログラム・マネージャーをつとめた有名人である。

4年間で2200万ドル（約22億円）を投じる

トヨタは更に2016年8月、TRIが人工知能関連の研究でミシガン大学と連携することを発表しました。

TRIはクルマの安全性向上、生活支援ロボット、自動運転をはじめとする領域での連携研究などの取り組みを行っていくため、4年間で2200万ドル（約22億円）を投じることを明らかにしました。確実な手ごたえを感じたのでしょう、初期の発表より予算はどんどんと増額されています。

それまでシリコンバレーのスタンフォード大学に続き、マサチューセッツ工科大学ともそれぞれ2500万ドルの予算を投じて人工知能の連携研究センターを設立し、TRIも両大学の近くにそれぞれ拠点を設けて共に研究を進めています。更にミシガン大学のあるアナーバー地区を第三の拠点と位置づけ、研究を加速すると宣言したのです。矢継ぎ早の発表と目まぐるしく拡大する変革に自動車業界とロボット業界は驚きました。

連携にあたってギル・プラット氏は「トヨタは長きに亘り、ミシガン大学と大変良好な協力関係を構築してきた。今回、モビリティが抱える複雑な課題を人工知能で解消すべく、連携を拡大するに至ったことをうれしく思う。より安全・安心で効率的な移動手段をお客様にご提供すべく、同大学の研究者や学生の皆さんと共に新たな知能化技術の開発に取り組んでいきたい。また、モビリティ技術を活用し、高齢者や特別な助けが必要な方々を室内でサポートする技術にも注力していく」と述べています。

「自由に移動を楽しむモビリティの時代へ。この大きな変化を伝えていくメディア」としてトヨタ自動車が動画で配信している「トヨタイムズ」をご存じでしょうか。俳優の香川照之さんが演じる香川編集長のテレビCMを見た人も多いでしょう。「トヨタイムズ」ではシリコンバレーのTRIを香川編集長が訪問し、ギル・プラット氏にインタビューしたり、自動運転車に試乗したりする体験動画が公開されています。

TRIは自動車やロボットに関わるAI関連技術や自律技術を研究しています。自動運転に関してどのような研究をしているかは本書でも後述します。下記のURLの動画も参考になります。

▼トヨタイムズ　シリコンバレーTRI取材　ロングバージョン（約12分強、2019年11月時点で公開中）

https://www.youtube.com/watch?v=tFZT9rKX16o

▼香川編集長　AI界のカリスマ、トヨタの自動運転を語る ギル・プラット氏インタビュー（約8分強）

https://www.youtube.com/watch?v=t0s04MXE1Hs

では、トヨタ自動車が描く、未来の自動車、未来の自動車社会とはどのようなものなのでしょうか。

1-9
トヨタが描く「e-Palette」構想

トヨタ自動車は2018年1月に開催されたイベント「CES」(Consumer Electronics Show、コンシューマー・エレクトロニクス・ショー)において、物流・物販など多目的に活用できるモビリティサービス「MaaS」(Mobility as a Service)と、それ専用となる次世代電気自動車(EV)で構成される「e-Palette Concept」(イーパレット・コンセプト、以下e-Palette)を発表、具体的なデモカーを出展しました。

e-Palette と Autono-MaaS

トヨタはそこで、2020年代半ばまでにモビリティサービス専用次世代電気自動車(EV)とそのプラットフォームからなる「**e-Palette**」を開発して実用化し、移動、物流、物販など多目的に活用する「**Autono-MaaS**」事業を展開することを発表しています。

Autono-MaaS(オートノマース)とは、自動運転車などにキーワードとして使われている「autonomous」(オートノマス、自律的の意)と、MaaS(Mobility as a Service、マース)を掛け合わせた造語でしょう。トヨタは「Autono-MaaS」事業の実現を目指し、具体的に進めるためにソフトバンクと提携してモネ・テクノロジーズを設立したのです。

e-Palette Conceptのイメージ

トヨタ自動車が2018年1月のCESで発表した「e-Palette Concept」のイメージ。サイズは異なるが同じような形態の自動運転車が街を走り、手前にはピザをデリバリーする小型のAGV（自動搬送車）も見える。

ジャスト・イン・タイムのモビリティサービス

トヨタはこの時のCESで「モビリティサービスパートナーとして、Amazon.com、Didi Chuxing、Pizza Hut、Uber Technologiesに、技術パートナーとしてDidi Chuxing、マツダ株式会社、Uber Technologiesにご参加いただきます。アライアンスパートナーには、サービスの企画段階から参画いただき、実験車両による実証事業をともに進めていく予定です」と公式発表しています。また、2020年代前半には米国をはじめとした様々な地域でのサービス実証を目指すとともに、2020年には一部機能を搭載した車両で東京オリンピック・パラリンピックのモビリティとして、大会の成功に貢献していきたい意向です。

トヨタの「e-Palette」構想では、自動車社会はどのように変わっていくのでしょうか。

従来、自動車やバスなどの交通手段は移動することが主目的であり、それを快適にすることが大きな目標で、それが多くの消費者にも望まれてきました。それを根本から考え直したMaaS構想が「e-Palette」です。

例えば、移動中に料理を作って宅配するサービス、移動中に診察を行う病院送迎サービス、移動型オフィスなど、需要に応じてジャスト・イン・タイムにモビリティサービスを届けていくこと——それを未来の自動車像として描いています。

e-Paletteの車両は、荷室ユニット数に応じて全長が異なる計3サイズの車両を用意する計画です。低床・箱型のバリアフリーデザインによるフラットかつ広大な空間に、ライドシェアリング仕様、ホテル仕様、リテールショップ仕様といったサービスパートナーの用途に応じた設備を搭載したり、換装したりすることができるとしています。

多様な仕様のe-Palette Concept

4m～7m前後の全長を想定。CES 2018出展モデルは、全長4.8m、全幅2m、全高2.25mだった。

豊田社長はプレスカンファレンスのスピーチにおいて、このe-Paletteを「eコマースやそれを超えたモビリティソリューションのコンセプト」と称し、「MaaSビジネスアプリケーションに対するトヨタのビジョンを示した一例」と紹介しました。「e-Palette」は電気自動車で、自動運転システムによって制御されています。またパートナー企業の希望によっては、代わりに各社独自の自動運転ソフトウェアを搭載することも可能としています。さらに「e-Paletteはライドシェア、物流、輸送、リテールから、ホテルやパーソナルサービスに至るまで様々な用途をサポートするオープンかつフレキシブルなプラットフォームであり、現在のショッピングはお店まで行かなくてはいけませんが、将来はe-Paletteにより、お店があなたのもとまで来てくれる」と説明しました。

このイラストを例にすると、ショップ（店舗）は移動式のE-Commerce車両になっていて、ユーザーの街や、あるいは家の前までやってくるという想定です。スマホやパソコンで「スニーカーを買いたい」と注文するとこの車両がやってきて、車両の中はスニーカー屋さんのように在庫がたくさんあって、ユーザーは履き比べて選ぶことができます。車両内部は店舗によってカスタマイズできます。

e-Palette 運用のコンセプト①

街にはさまざまな種類のeコマース用のEVショップカーが走っている。

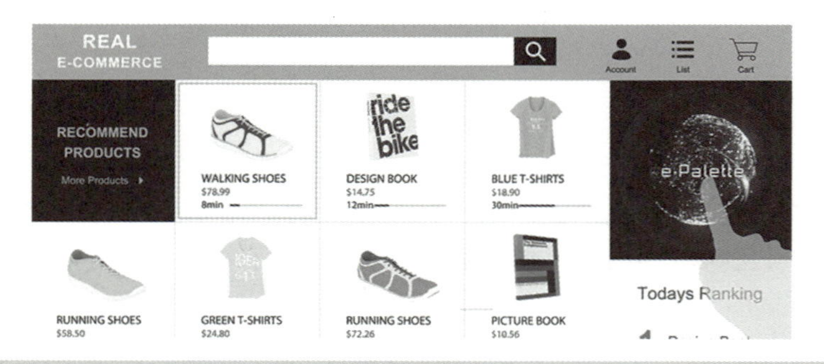

ユーザーはオンラインショップで商品を選択する。試してみることができ、購入までの時間が×分と表示されている。このユーザーはシューズに興味がある。

e-Palette運用のコンセプト②

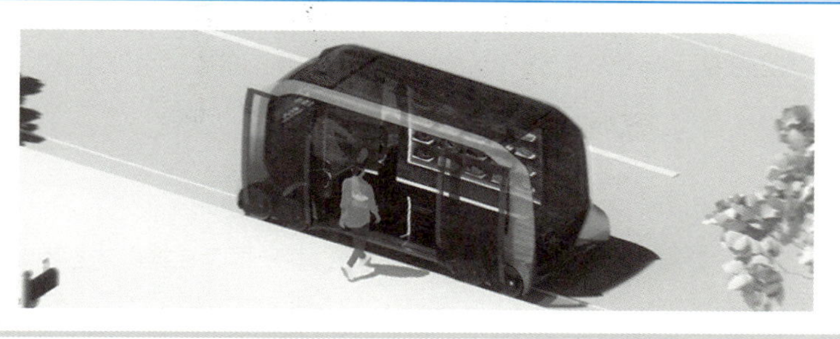

シューズのショップカーが到着すると通知されてユーザーが乗り込む。

シューズを試してみて、気に入ればそのまま購入する。

出典　公式YouTube動画より（https://youtu.be/VeGaT7rWv_g）

豊田社長は更に「様々なe-Paletteを一か所に集めることで、医療からエンターテインメントやフェスティバルなど、様々なサービスのモバイルハブができあがり、ビジネス、あるいはコミュニティを簡単に形成することにつながる」「e-Paletteは1日で様々な仕様に変えることができ、モビリティサービスプラットフォームによって運用され、私たちは販売ネットワークによってサービスを受けることができる」「私たちはこのコンセプトの将来性を信じ、eコマースモビリティをサポートすることに前向きなOEMや企業と『e-Paletteアライアンス』と呼ぶアライアンスを組んでいきたいと思っている」等と続けました。

この構想から更に想像すると、ピザ車両はピザを焼くことができる設備を持ち、移動しながら料理をして、焼きたて・作りたての料理が届けられようになるかもしれません。これらの車両は専用車両として用意されるものもあれば、内装や外装を換装することで、用途の違うモビリティとして利用できるようにすることも計画されています。

「e-Palette」をヒントに、将来の自動車像を想像してみましょう。

CASEの「S」を思い出してください。自動車はサービスを提供する手段であり、「サービス」によって形態を変えていくものになるのです。更には「シェア」（共有）です。同じ車両を午前中は宅配業者が配達用の車両として使用し、お昼前から夜にかけてはピザ店が移動店舗として使用するというシェアサービスとしての提供も考えられます。一台の車両を無駄なくシェアする社会もあり得るでしょう。あるいは、もっと極端な想像をすると、ユーザーがスマホを使ってAB靴店で注文した場合は、車両のエクステリアにAB靴店と表記したリアル店舗が自宅までやってきますが、CD靴店で注文した場合も実は同じ車両がCD靴店と表記して自宅までやってくるかもしれません。

車両のマルチタスク化

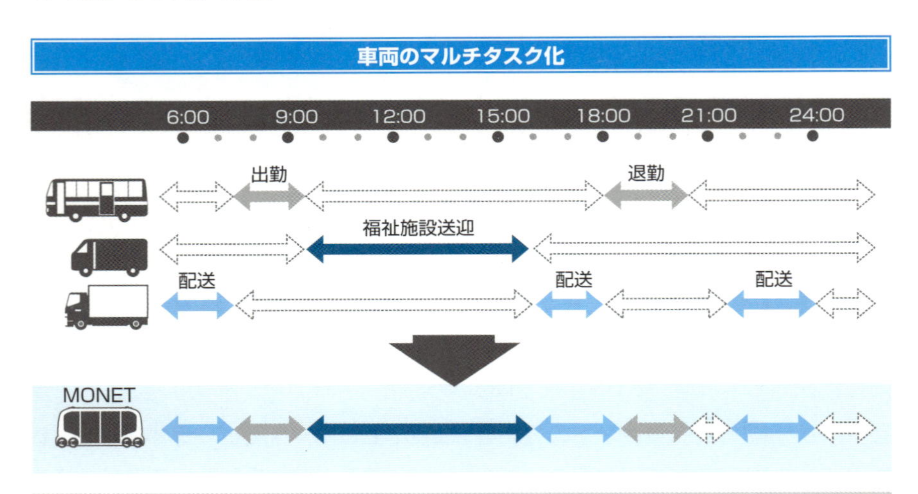

それぞれの専用車は終日使われないものも多い。e-PaletteやMONETは1台の車両を多用途に利用することでコストパフォーマンスを上げようという構想を持つ。

出典　MONET Technologiesの資料より

モビリティサービスプラットフォーム（MSPF）

トヨタの「e-Palette Concept」では、車両制御インターフェースを自動運転キット開発会社に開示する構想であることも発表されています。開発会社は自動運転キットの開発に必要な車両状態や車両制御等を、**モビリティサービスプラットフォーム**（MSPF）上で公開されたAPI（Application Program Interface）から取得することができるため、自動運転制御ソフトウェアやカメラ・センサー等を開発し、それらをルーフトップ等に独自に搭載することが可能となります。

車両制御インターフェースの開示による自動運転の仕組み

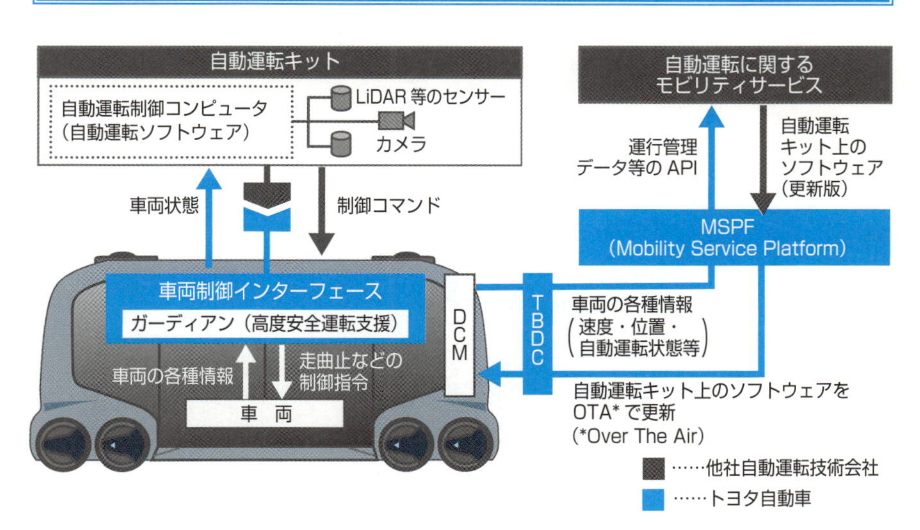

同社はこのMaaS構想からビジネスにつながるエコシステムを展開しようとしています。

e-Paletteの車両情報は、車両に搭載されたデータコミュニケーションモジュール（**DCM**）から収集され、グローバル通信を介してトヨタのデータセンターに蓄積されます。それに基づき、車両のリースや保険等の各種ファイナンス、販売店と連携した高度な車両メンテナンス情報とあわせて提供され、MSPF上で、車両状態や動態管理など、サービス事業者が必要とするAPIが公開されると言います。また、自動運転キット開発会社は、自動運転キットの利用状況やソフトウェアのメンテナンス・更新といった自動運転に関するサービス情報のデータを受け取れると同時に提供していくことが可能です。トヨタは「サービス事業者や開発会社とオープンに提携し、新たなモビリティサービスの創出に貢献する」としています。

e-Palette Concept を活用した MaaS ビジネスと、それを支える MSPF の構成

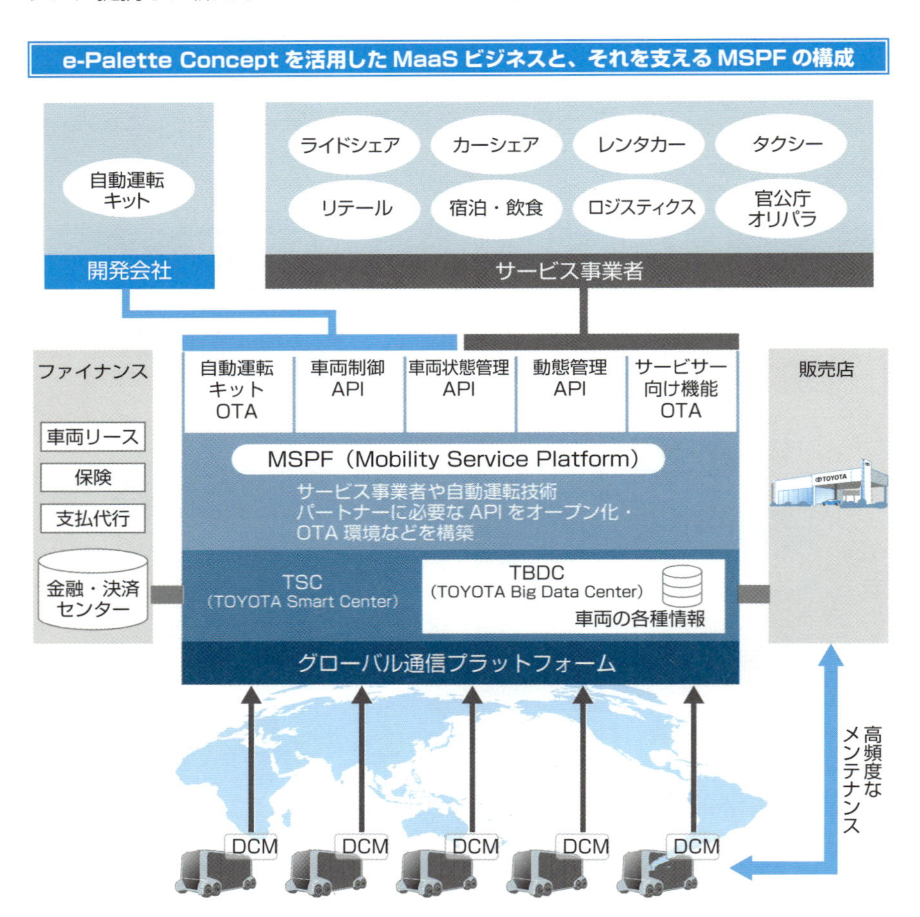

医療× MaaS を実現する車両「ヘルスケアモビリティ」

2019年の東京モーターショーで、トヨタはe-Palette構想をもう一歩進め、具体的なコンセプトモデルのひとつとして「e-CARE」をデモ展示しました。車内

に健康管理や健康測定設備を持った自動運転車の車両をイメージし、体験デモは、車内に乗り込んでAIとジャンケンすると、顔の表情からAIが健康状態を判別してくれるというものでした。

少し唐突でピンと来ない来場者も多かったと思いますが、「e-Palette Concept」で言う健康診断や診療施設を内装した自動運転車の構想でしょう。

e-CARE

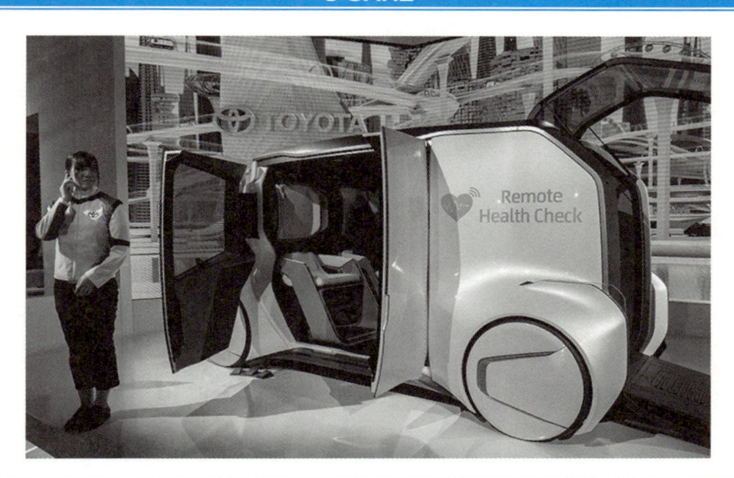

東京モーターショーのトヨタブースでデモ体験展示されたリモートヘルスケア「e-CARE」。社内では楽しみながらAIによる健康チェックができる。

実装に向けて、医療×MaaSを実現する車両「ヘルスケアモビリティ」の実証実験も始まっています。現実的な例としてはこちらの方が参考になるかもしれません。

実証実験は長野県の伊那市、MONET、フィリップス・ジャパンが共同で実施するもので、移動するオンライン診療の実現に向けたものです。

フィリップス・ジャパンはかねてより、ヘルスケア領域におけるモビリティサービスへの参入を表明していました。そこで同社が開催する事業戦略発表会において、MONETとの共同でMaaSの取り組みの第一弾として、モバイルクリニック実証事業として使う医療機器などを搭載した車両「ヘルスケアモビリティ」が完成したことを発表。長野県伊那市と連携し、2019年12月12日からテスト運行を開始し、オンライン診療をはじめとする機能の有効性を検証していくとしています。なお、今後この実験の結果が評価されれば、他の自治体へも展開していく予定です（2019年12月12日～2020年3月31日）。

◆「ヘルスケアモビリティ」とは

「ヘルスケアモビリティ」とは、医療機器などを車内に搭載して、医療従事者との連携によってオンライン診療などを行うことができる車両のことです。「e-Palette Concept」構想のひとつとして挙げられていたものに類似し、車両のデザインこそ現在の実用車を使用していますが、トヨタのコンセプトをMONETが押し進めた格好です。

看護師が車両で患者の自宅などを訪問することで、車両内のビデオ通話を通して医師が遠隔地から患者を診察できるようにし、看護師が医師の指示に従って患者の検査や必要な処置を行うことを想定しています。車両はMONETの配車プラットフォームと連携しているため、効率的なルートで患者の自宅などを訪問することができ、オンラインと遠隔診療、そしてモビリティを融合した形態です。

「ヘルスケアモビリティ」実験車両

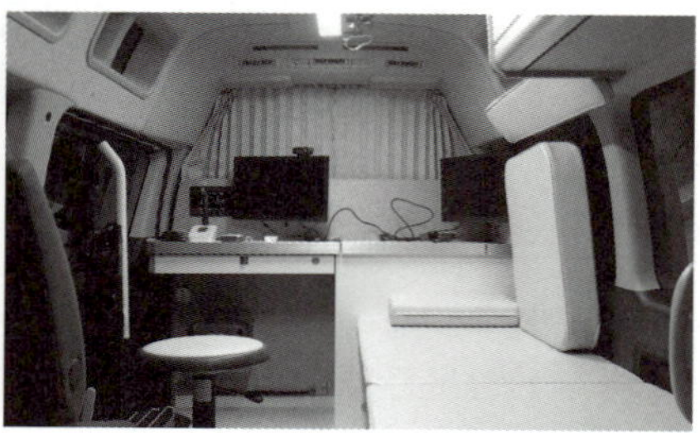

伊那市、MONET、フィリップス・ジャパンが共同で実施する。

◆「ヘルスケアモビリティ」の主な搭載機能

伊那市での「ヘルスケアモビリティ」は、医療機器などを搭載した車両と連携して、次のようなサービスを提供する、としています。

スケジュール予約	患者と医師が合意したオンライン診療のスケジュールに応じて、現地（患者の自宅など）に向かう看護師が、スマホアプリから配車予約できる。
診察	心電図モニターや、血糖値測定器、血圧測定器、パルスオキシメーターおよびAEDなどの診察に必要な医療機器を車両に搭載。
オンライン診療	ビデオ通話を通して、医師が患者の問診や看護師の補助による診察を行える他、医師から看護師へ指示を出すことが可能。
情報共有 クラウドシステム	医療従事者間の情報共有を目的に、車両内に設置されたパソコンで患者のカルテの閲覧や訪問記録の入力・管理を行うことができる。なお、情報共有クラウドシステムは、株式会社インターネットイニシアティブ（IIJ）の「IIJ電子@連絡帳サービス」を利用している。

ヘルスケアモビリティが搭載する機能

看護師が患者宅を訪問し、医師がオンラインで診療するための機能

スケジュール予約機能

・診察
（医療従事者）

・配車
（ドライバ・車両）

患者

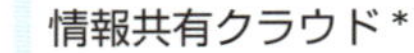

予約

医師 / 車両

情報共有クラウド *

・医療従事者間の情報共有
…患者情報共有
…訪問記録入力・管理

クリニック内　クリニック同士　クリニックと車両

診察補助機能

・心電図モニタ
・血糖値測定器
・血圧測定器
・パルスオキシメータ
・AED など

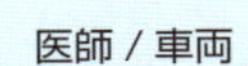

オンライン診療

・テレビ電話による問診
・医師から看護師への指示
・看護師の補助による診察

医療従事者の職種を横断する情報共有クラウドシステムは、株式会社インターネットイニシアティブの「IIJ電子@連絡帳サービス」を利用する。

日本の自治体は今、ヘルスケア分野において多くの課題に直面しています。高齢化の加速、医療施設・従事者の不足、医療費の肥大化などです。また、自治体によっては、人口の減少や分散化によって、健康的な生活を確保したり、福祉を推進したりするために重要であるはずの、外出の足となる「公共交通の運営や維持が困難」という課題にも直面しています。

交通インフラに依存せず、高齢者や遠方への外出困難者にヘルスケアサービスを安定的に提供するためにヘルスケアモビリティが期待されます。

ヘルスケアモビリティを用いた取り組みの概要（フィリップスと伊那市）

●実証事業期間：～2021年3月	●実証事業以降：2021年4月～
一般医療機器を用いたオンライン診療	オンライン診療の高度化 （幅広い診療をカバー・提供エリアを多様化）
医療従事者の職種を横断した 情報共有クラウドサービスの導入・運用	ヘルスケアデータの利活用による 地域全体のシステムへの発展
オンラインでの服薬指導 〔医薬品医療機器法（薬機法）の改正に伴い実施予定〕	服薬指導・処方の高度化 （提供エリアを多様化）

第1部
社会を変革する「CASE」とは

第2章

所有からサービスへ——クルマの存在価値が変わる

ここでは、今後の日本社会という大きな視点から、クルマの位置付けを見てみましょう。

その際、「音声」というインターフェースでの車とのコミュニケーションや、IoTという技術トレンドとクルマとの関係も押さえておく必要があります。

2-1

少子高齢化社会のモビリティ

既にさまざまなニュースでも報じられているとおり、日本は少子高齢化社会へ急速に進行しています。モビリティも社会の変化に合わせて変革していく必要があります。

総務省が発表した資料（平成28年版 情報通信白書｜人口減少社会の到来）によれば、2005年の1億2729万人をピークに人口は減り続け、2050年には推計で9708万人、2060年には推計で8674万人まで減少します。65歳以上の高齢者の割合で見ると、2005年はわずか約20%でしたが、推計で2050年には39%、2060年には40%に達しています。15～64歳の労働者人口の割合も急激に減り続け、2005年は66.1%だったのが、2060年には50.1%と人口の約半数になってしまいます。

日本の人口の推移

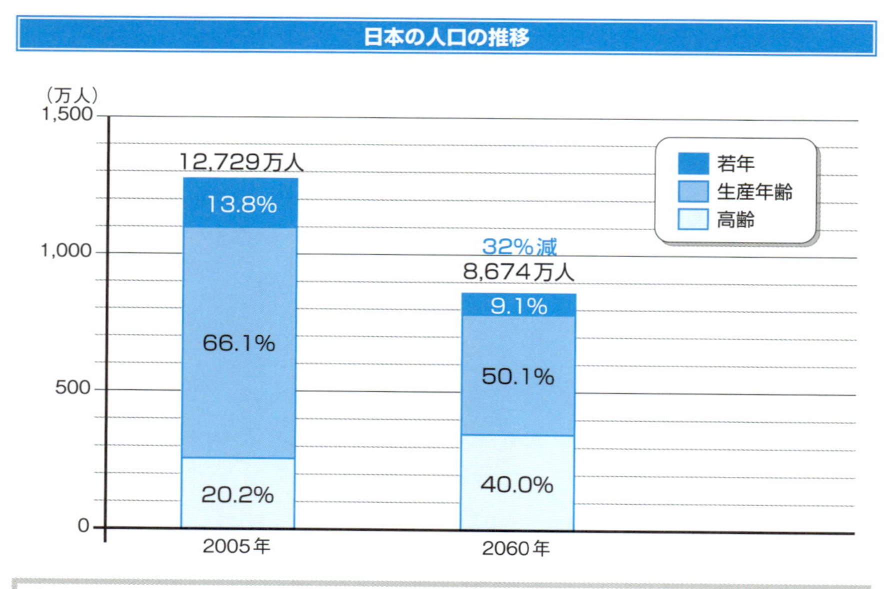

ピークの2005年と2060年（推定）の比較。

出典　総務省、『平成28年版 情報通信白書｜人口減少社会の到来』

日本の人口の推移

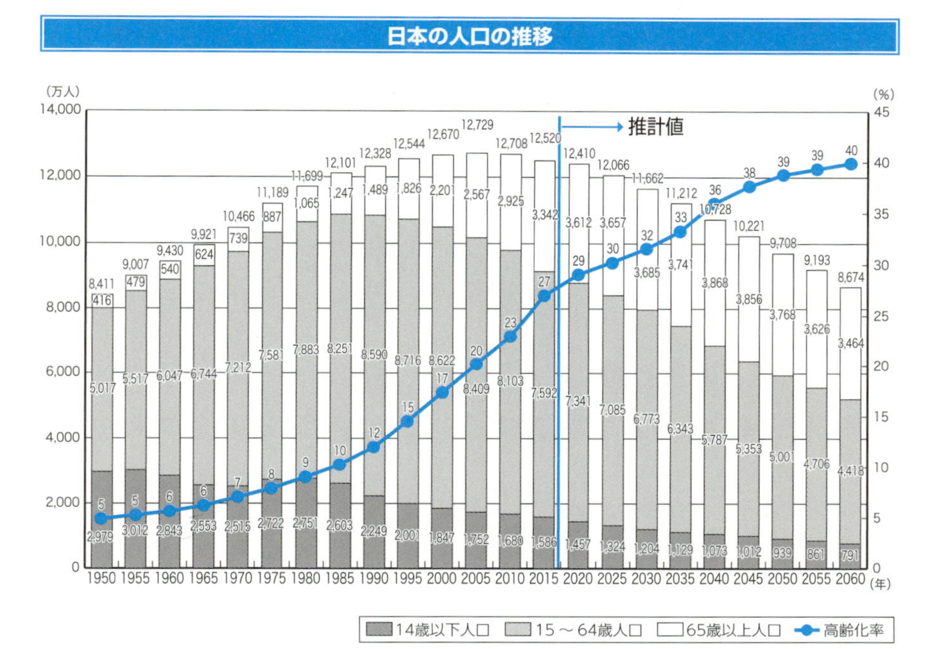

2020年以降は国立社会保障・人口問題研究所「日本の将来推計人口（平成24年1月推計）」（出生中位・死亡中位推計）

2015年まで実測、以降は推定。

出典　総務省、『平成28年版 情報通信白書｜人口減少社会の到来』

この状況は既に一部の地域では顕著に現れています。というのも、生産年齢の若者が大都市圏に集中する傾向にあるため、地方では高齢化がますます進んでいるからです。

交通事情で言えば、高齢者ドライバーによる事故が問題になっていて、自治体としては高齢者の自動車運転免許返納率を上げるためにも公共交通機関の利用を促進したい考えです。しかし、地方ほど過疎化によってバスや鉄道などの公共交通機関の運営が困難になっていて、その窮状は増すばかりです。

2-2

政府が唱える超スマート社会

政府としては、2016年1月に発表した『平成28年版 科学技術白書』において、文部科学省（文科省）が「超スマート社会の到来」と題し、我が国の未来社会像をイメージした資料（イラストと小説）を公開しています。その中で、自動車や交通社会が筆頭で語られています。

日本の課題と未来社会

『平成28年版 科学技術白書』で掲げられている日本の課題は、次の3つです。

- 高齢化による社会保障費の増大
- 生産年齢人口の減少による労働力不足
- 地域活力の減退

さらに、15年後の2035年頃には「団塊ジュニア世代が高齢者と呼ばれる65歳に達し始める」、世界に目を向けると「発展途上国の人口が大幅に増え、2035年には世界人口が約88億人になり、生活水準の向上や気候変動等の影響もあり、エネルギー、資源、食料などあらゆる物が不足するおそれがある」と予測しています。そして「このような国内外の様々な課題に対して、科学技術イノベーションはどのように貢献することができるのだろうか」と提起をしています。

そして、それらの課題解決のために、「ネットワークの高度化」や「ビッグデータ解析技術及び人工知能等の発展により、サイバー空間と現実空間の融合が進展」といった、ICT技術の導入に期待していることが伺えます。

その中の自動車や交通に関する一部を紹介しましょう。発表された当時は、CASEやMaaSも、語られている内容が概念程度の頃なので、未来のイメージも少し的が外れている感はありますが、要点は押さえられていると思います。

まず、冒頭から「休日のガレージ」のシーンです。主人公が自宅のガレージで愛車の電気自動車に「調子はどうだい？」と声をかけると、愛車は、昨晩に自動運転機能のソフトウェアのアップデートが完了したこと、タイヤの空気圧が減っているので出かけるなら充てんが必要なこと、タイヤの摩耗（まもう）が進んでいることなどを回答します。そして、タイヤ交換を依頼すれば、今日か明日にはタイヤ交換作業ロボットが到着するだろう、としています（**次ページも参照**）。

超スマート社会「休日のガレージ」

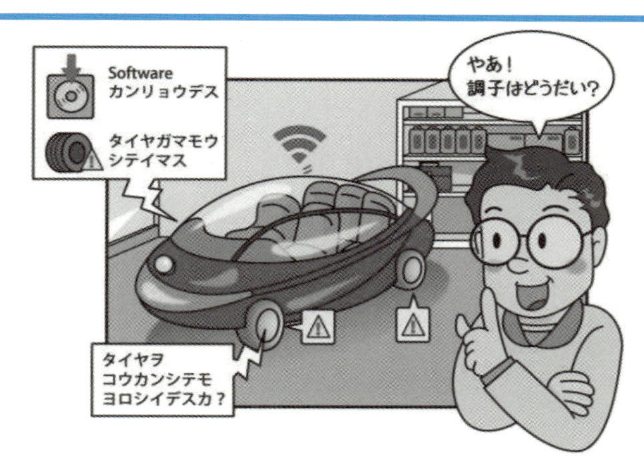

休日の朝、マサシは、自宅のガレージで、愛車の電気自動車に「調子はどうだい?」と声をかけた。愛車から、「夕べ、自動運転機能のソフトウェアのアップデートが完了しました。タイヤの空気が減っているのでお出かけなら充填が必要です。タイヤの摩耗（まもう）が進んでおり、交換のお知らせが届いています。走行することが多い路面に合った品質のタイヤが用意されています。交換してよろしいでしょうか。」との返事が返ってきた。

マサシは、「ああ、お願いするよ。」と答えた。今日か明日には新しいタイヤと交換作業ロボットが到着するだろう。

彼は若い頃から、車を自分好みに改良して長く乗るのが好きだ。同居している義理の父のように、地域でシェアしている小型車で十分快適という人が多いが、やはり愛車を持ちたい。この車は最近、10年以上ぶりに買い換えたものだ。前の車は基本的な操作は自動で行われるが、緊急時などは彼が操作する必要があった。今回は完全自動運転の車だ。近年はほとんどの車が完全自動運転となり、人が運転に関与する車に対し人々が不安の目を向けるようになってきたことが買換えの動機だった。

休日のガレージでは電気自動車、IoT、音声認識が普及している世界が描かれている。

出典 『平成28年版 科学技術白書』

超スマート社会「愛車が到着するまで」

彼は購入過程の変わりように驚いた。彼がインターネットの無料サイトで車のデザインやパーツを閲覧すると、デザイナーから幾つかのデザイン案が送付されてきた。彼が目をとめたデザインを基に、これまでに蓄積された、顧客の反応と提案デザインへの評価結果を解析して、彼が好みそうなデザインを提案してきたのだ。彼はそれを実物大の3D画像で映し出し、全方向からチェックした後、再度送られてきたデザインに決定した。

そのデザインは組立工場に送られ、注文からほんの数日で自宅に新車が届いた。同じ工場では、他の人がデザインした車も同時並行で製造されている。様々な部品が必要な作業を行うロボットの前を通り、車へと組み立てられていく。

一昔前は、モデルごとに決められたラインと行程により製造されていたが、現在は、臨機応変に一台一台デザインの異なる車を同時に製造することが可能となったそうだ。お陰で、個別にデザインされた車でも既製デザインの車でも、ほぼ同じ価格で購入できるようになり、妻の小言も少し減った。

インターネットで車のデザインやパーツを閲覧すると、デザイナーからデザインの提案が来る「マスカスタマイゼーション」（インダストリー4.0）の世界が描かれている。

出典　『平成28年版 科学技術白書』

音声によるインターフェース

　まず「クルマと会話するなんてドラマやコミックスの世界だろう」と感じる人も多いかもしれません。しかし、この部分はとても重要です。それはテレビではリモコンのボタン、パソコンではキーボードによるタイピング、スマートフォンでは画面のタッチ操作と、デバイス（機器）を操作する方法がいろいろあるように、将来のデバイス操作には「**音声**」が加わることが有力視されているからです。

　その代表が**スマートスピーカー**です。「アレクサ、今日の天気を教えて」と尋ねると、今日の天気や最低気温と最高気温を教えてくれるように、音声によるインターフェース（**VUI**：Voice User Interface）は、ICTの世界ではスマートフォンの次の主戦場のひとつになっているのです。音声インターフェースは小さなマイクとスピーカーがあれば成立し、キーボードもタッチ画面も必要ありません。そのため自動車や家電など、本来ユーザーが操作する装置を持たない機器には特に相性がいいのです。
　また、近未来のSF映画を見ても、人工知能経由のコンピュータの操作のほとんどが音声で行われています。これはコンピュータであっても、音声でのやりとりが人間にとって最も自然であり、操作方法としてはゴールであることを示しています（今はまだ技術が熟成していないだけです）。

　「ICTでは次の主戦場のひとつになっている」と表現しましたが、スマートスピーカーの市場を争ってAmazonとGoogleがしのぎを削っていることがそれを示しています。Amazonの音声アシスタントは「Alexa」（アレクサ）、Googleは「Googleアシスタント」です。どちらもスマートスピーカーで知られていますが、スマートフォンでも利用できます。アップルもiPhoneでおなじみの「Siri」でスマートスピーカー（Apple HomePod）に参戦していますが、2019年末時点ではうまくいっていません。

スマートスピーカー

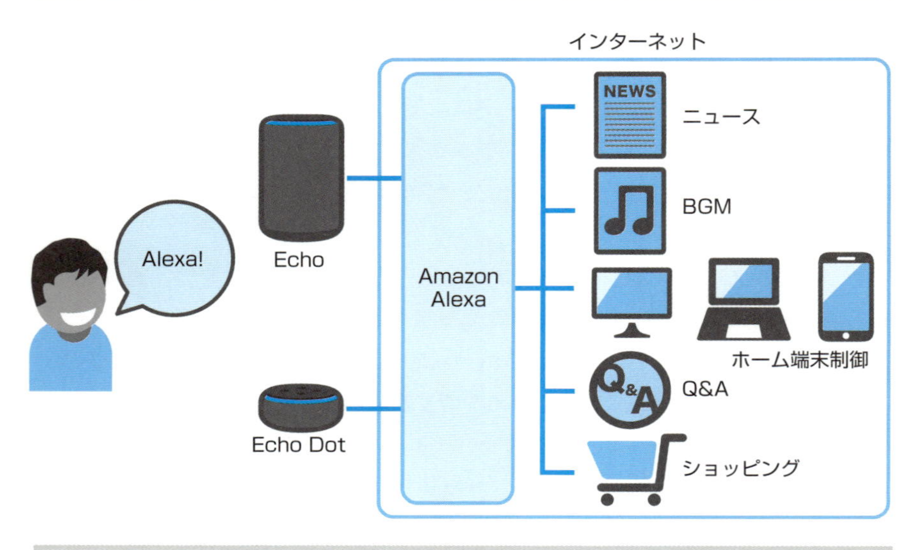

スマートスピーカーを通じて、ニュースや天気、交通情報、音楽、各種スキル（アプリ）が楽しめる。しかし、実際はスマートスピーカーの市場争いではなく、音声アシスタントのエコシステムの覇権争いが背景にある。

Amazonは Alexaでのエコシステム戦略を明確に打ち出していて、スマートスピーカーで音声対話技術を熟成させ、Alexaをクルマや家電など、さまざまなメーカーの製品に繋げようとしています。ユーザーがリビングで使っている自分用にカスタマイズされたAlexaをスマートスピーカー、クルマ、家電、イヤホンやウォッチなどのウェアラブルデバイスで使えるようにしようと考えています。

実際にAmazonは米フォードと連携して、Alexaを自動車と連携するイメージ動画を公開しています。ユーザーはリビングで「アレクサ、クルマ○×のエンジンをかけて」とスマートスピーカー「Amazon Echo」に指示するとガレージにとめてあるフォード車のエンジンがかかり、暖気がはじまります。ドライバーは運転しながら「アレクサ、近くのコーヒーショップはどこ？」「アレクサ、家のガレージのシャッターを閉めて」「アレクサ、昨日の試合結果を教えて（好きなチームの登録がしてある）」など、クルマを通じてAlexaに音声で指示できます。どのAlexaもクラウド上では同じアカウントで利用することができるため、個人の趣味や趣向などでパーソナライズされた回答や機能が提供されます。

Amazon Alexaのエコシステム

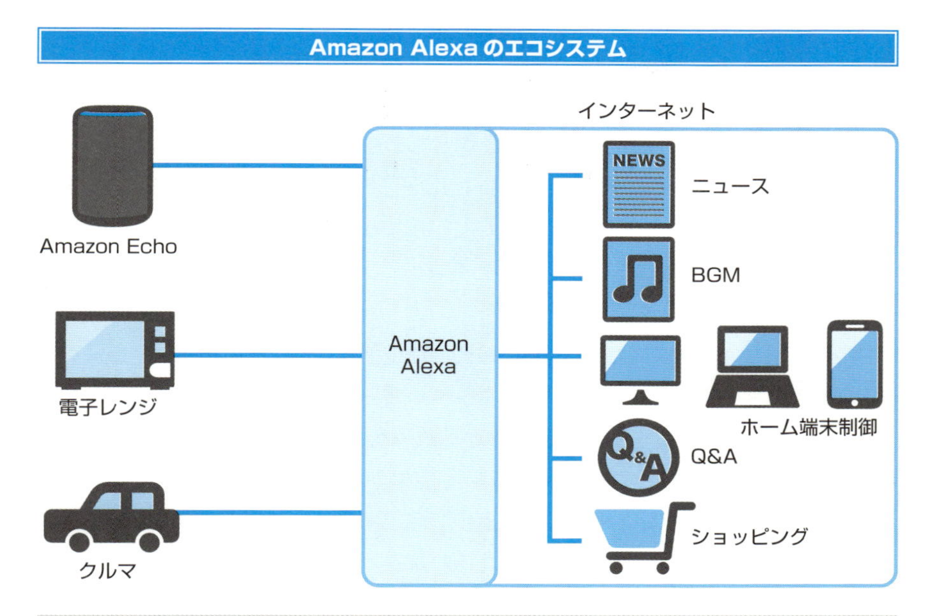

スマートスピーカーやスマートフォンで音声アシスタントを熟成しつつ、家電やクルマにもエコシステムとして提供していく。

クルマに音声アシスタントを搭載する流れは、ドイツで積極的な動きが見られます。メルセデスやBMWが自社製品に搭載しており、日本で販売されている一部の車種にも搭載が始まっています。

IoTとクルマ

ICTやビジネス業界では「IoT」というキーワードが注目されています。Internet of Things（モノのインターネット）の略称ですが、一般の人にはピンと来ない呼び名です。具体的にはセンサーを使っていろいろな情報をデータ化し、ネットワークを通じてクラウドに蓄積してから、パソコンやスマートフォン等で「データを見える化」したり、そのデータを活用したりして、他のシステムに連携する技術です。すなわち、IoTのポイントは**センサーによるセンシング**なのです。

既に非常に様々な種類のセンサーが実用化されていますが、身近なところでは、明るさ（照度）センサー、ジャイロセンサー、人感センサーなどはスマートフォンにも搭載されていますし、温度･湿度センサー、振動センサーなどがポピュラーで、マイクやカメラなどもセンサーに含める場合もあります。

既に述べた超スマート社会の「休日のガレージ」では、タイヤの消耗や空気圧の状況をオーナーにクルマ自身が報告していますが、これらもセンサーによって自己分析する技術が導入されている将来を示唆しています。

実は、このように機器自身が故障を検知したり予測したりする技術は、既に実用化が始まっています。特に工場にあるような高額な機械に採用され、人には感じられないものを含めて音や振動、温度等から故障を検知して通知します。また、故障が起きた数週間前からの音や振動の変化をAIシステムが学習することで、故障する直前の変化（予兆）を検知することができるようになります。検知したらそれを管理者に通知することで、故障に備えられます。

このように、コンディションが悪くなる予兆をもとにメンテナンスを行うことを「**CBM**」（Condition Based Maintenance）と呼び、正常なのに定期的に点検するコストを減らす傾向へとシフトしています。

◆CBM（Condition Based Maintenance）

「CBM」のコンセプトは、東京都心の主要駅を結ぶJR山手線のE235系と呼ばれる新型車両にも導入されています。東京の大動脈である山手線の新型車両にはルーフと車輪の近くにそれぞれ新しい「状態保全」のスマートメンテナンス・システムが稼働しています。

従来は、点検用の車両が架線と線路設備の状態をモニタリングする装置を搭載して走行する「点検運転」により、点検が定期的に行われていました。

新型車両にはパンダグラフ等が設置されている屋根（ルーフ）部分と、車輪がある車両下部に線路設備をモニタリングする装置をそれぞれ設置し、架線と線路の状態をデータ化します。収集したデータはデータサーバに送られ、メンテナンスセンターの現場スタッフに転送され、故障の未然防止に役立てられるしくみです。

E235系では先進の「CBM」をいち早く導入

E235系は先進の「CBM」をいち早く導入した。営業運転車両がスマートメンテナンスを兼ねて走る。

出典　JR東日本のプレゼンテーション資料

◆F1ホンダチームとIBMがIoTで連携

IoTのポイントが「センサー」だということは前述しました。あらゆるものにセンサーをつけてインターネットに繋ぎ、センサーが取得した計測データをコンピュータ（クラウド）に送り、そのデータをクラウドでモニタリングし、モニタリングすれば現場に人がいなくても状況が把握できるし、異常事態を検知したり予測したりもできる、もしかしたら人間が気付かなかった新たな発見もできる、という技術です。

自動車にもその技術はもちろん導入されていて、その先進性を表しているのが世界最高峰の自動車レース「F1」（フォーミュラ・ワン）です。

既に少し古い事例ですが、2016年2月、IBMは「本田技術研究所がレーシングデータ解析システムにIBMのIoT技術を採用」というタイトルのプレスリリースを発表しました。つまり、2016年のF1レースのマクラーレン・ホンダチーム（当時）はIBMの「IoT for Automotive」を採用し、レース中などのエンジン・データの解析を行うという発表です。

世界中のサーキットで行われているF1レースの現地から、レーシングカーのリアルタイムの状況を、ホンダの開発本拠地である栃木県とマクラーレンがある英国に送信し、そこでモニタリング＆分析し、結果を即時ピットに返してチーム内で共有するプロジェクトです。

F1では昔から「テレメトリーシステム」が導入されていて、走行中のエンジンや燃料、タイヤなどの情報はピットに送られていました。テレメトリーシステムとはレースカーから送られてくる計測データをピットでモニタリングする遠隔測定システムのことです。

現代のF1ではレースカーの中に約200種類ものセンサーが搭載されていて、エンジンの回転数、水温、油圧、タイヤの温度や内圧（空気圧）、ブレーキの温度や磨耗、燃料消費、どこでどのようにクルマがジャンプして、どこでトラクション（タイヤが路面を蹴る力）が抜けるのかなどの情報を、常時テレメントリーシステムに送っています。

できることならあらゆる部品にセンサーを付けて計測データを取りたい、0.01秒でも速く走るための情報を取りたい、故障の兆候を見逃さずトラブルを事前に予測したい……、また、燃料の残量予測や最適なピットインのタイミングなど、知りたい情報はヤマのようにあり、ピットクルーやマネージャーは、秒刻みに決断を迫られます。

マクラーレン・ホンダとIBM Cognosファミリーの連携（当時）

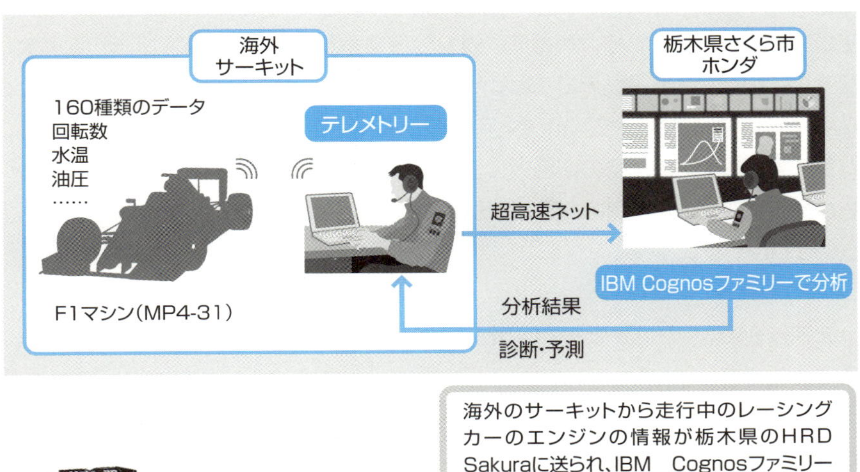

写真出典　本田技研工業株式会社　2016年2月21日付ニュースリリース

センサーが計測するデータは、一度のレースで約5GBにもなるビッグデータです。これだけの計測データは、現場のピットでは十分な解析ができるとは言えません。また、レースの規則でチームスタッフの最大人数も制限されていて、データサイエンティストを大量に待機させることもできません。そこで、この時の発表につながります。IBMの「IoT for Automotive」を活用したレーシングデータ解析システムを基盤として導入したのです。

エンジンに関する情報は瞬時に栃木県さくら市のホンダ研究チームに送られます。大規模な解析システムがその情報を分析し、その結果を再び瞬時にチームのピットクルーに返すというわけです。

予測システムも重要です。エンジンが壊れる前にトラブルを予測しなければ意味がありません。それらの解析に、強力なIBM解析技術のひとつ「IBM Cognos ファミリー」である「IBM Cognos Business Intelligence」(IBM Cognos Analytics)も利用されています。

サーキットから栃木県の研究所にデータが送られるまでわずか3秒以内。10秒もかかっていたら、予測の兆候がわかってもエンジンは壊れてしまうかもしれないというわけです。

先進技術のF1の世界でも、IoTとデータ分析が鍵を握るとは、なんとも面白い話ではないでしょうか。F1ほどシビアではないにしても、一般家庭や社会にあるいろいろなものをインターネットに繋ぎ、センサーからの計測データを蓄積・解析することによって世の中を自動化しよう、効率化しよう、便利にしようという方向にすすめている――これがIoTの一面です。そして解析システムには高度なAI関連技術が活用されています。

このF1の例と、JR東日本の事例を併せて考えると「IoTとクルマ」の未来が見えてくると思います。そして、これも「コネクテッド」が目指すひとつの形でもあります。

第2部
自動運転社会に向けて加速する最新動向

第3章

自動運転と配送クライシス

「自動運転」と言うと、マイカーに自動運転機能が装備される日を想像するかもしれませんが、そのような過渡期があったとしても、それはゴールではありません。「自動運転車」には運転席そのものがなく、人が運転することを想定していません。また、マイカーよりも切実に自動運転を必要としている分野があります。それは「物流分野」です。

ここでは、自動運転が現在、どこまで実用化されているのかを見てみましょう。

3-0 自動運転をリードするICT

自動運転の最新動向を見る前に、「自動運転車」の前提を確認します。

「自動運転車」に必要な技術

自動運転車の実現が現実味を帯び始めたのは、2014～2015年くらいのことです。米国のGoogleとAppleが自動運転車を開発しているという噂が広がり、シリコンバレーなどの限定した地域で実証実験を行うクルマが目撃され始めました。

自動運転車に重要な主要技術は、自動車というより**ロボティクス**です。センサーやビジョン（カメラ）で状況を把握し、自動車同士、あるいは自動車と信号機などのインフラが通信し合って、安全な走行を行います。センシング、ビジョン、通信、計算処理、ビッグデータ解析といった技術が得意なのは自動車メーカーではなく、ICT企業であることは言うまでもありません。

自動車メーカーは、車両内の制御は電子化（**デジタル化**）してきたものの、車外とつなげる通信やデータ解析、AIは得意とは言えませんでした（得意なのは自動車メーカーにセンシングなどの要素技術を提供してきた部品メーカーの方です）。

自動運転車

Googleが研究開発を始めた当時の自動運転車（セルフドライビングカー）。現在はAlphabet傘下の自動運転車開発企業Waymo（ウェイモ）で事業を継続し、市販車ベースのものが主流である。

こうした背景から、自動運転車をはじめとした未来の自動車社会をリードしていくのは、自動車メーカーではなくICT企業に違いないという予想が大半を占めるようになりました。技術的に見れば、それは間違っていないでしょう。技術的にリードしていくのは自動車を作る企業ではなく、前述したロボティクスやAI、データ通信や処理を得意とする企業になるでしょう。

では、自動運転社会は、どこまで現実なものになってきているのでしょうか。
どんな企業が、どのような方法でアプローチしているのでしょうか。
次節から、具体的に解説します。

3-1
物流倉庫の自動化

Amazon、Yahoo!、楽天、メルカリをはじめとして、オンラインショップの利用者が増え、物流業界にはビジネスチャンスとともに大きな負担がのしかかっています。それが前述のような人手不足と高齢化です。

人手不足はロボットで解消する

物流業界の例を見てみましょう。巨大なオンラインショップの場合、膨大な数の商品を仕入れ、それを倉庫に保管し、顧客ごとに受注した商品を梱包して発送します。商品の管理と発送の業務は大きな負担がかかっていて、倉庫内にAIやロボットを導入して自動化を急いでいます。

倉庫内の自動化やロボットの導入にはいろいろな種類がありますが、技術的にAIと自動運転に似たものを使ったシステムがあります。倉庫内で発送する商品をAIが管理し、梱包担当者のもとに棚ごと自動搬送してくるロボットです。

通常、梱包を担当するスタッフは、受注システムの指示通りに巨大な倉庫内の棚を歩いて回り、発送予定の在庫商品をカゴにいれる作業を行っています。これを**ピッキング**と言います。倉庫の規模によりますが、担当者の歩行距離は平均して1日一人あたり11～15kmに及ぶケースもあると言われています。人員不足と高齢化の中、その重労働下で即日発送を目標に業務にあたるのは、大変なことです。そこをまず**自動搬送ロボット**が改善しようというわけです。自動搬送ロボットが商品の入った棚ごと、梱包担当スタッフのもとに運んでくるのです。スタッフは歩いて棚を回る必要はなくなり、ロボットが運んできた棚からコンピュータの画面に従って商品をピッキングして梱包を行います。

「バトラー」に見る自動搬送ロボットの例

自動搬送ロボットは元々、ロボカップというロボットの世界大会に出場し、大きく評価されたKiva Systemsが発想したしくみです。Kiva SystemsはAmazon

に買収され、Amazon Roboticsと改名して、Amazonの大型倉庫の一部で使用されるようになりました。日本の倉庫でも活用されています。

ところが、このシステムはAmazonが外販していないため、他社製で同様のシステムがいくつか出てきました。そのひとつがインド発でシンガポールに本社を置くベンチャー企業のGreyOrange（グレイオレンジ）社の自動搬送ロボット「バトラー」です。同社は2011年創業で、米国とシンガポールを中心に、インドとドイツにて事業展開をしていて、今では日本法人もあります。ニトリやトラスコなどが導入しています。2019年10月に同社が発表した数字では、具体的にはニトリホールディングスの物流子会社のホームロジスティクス社が80台、トラスコ中山70台（10月より埼玉でスタート）、トラスコ東北50台弱、大和ハウス30台（昨年４月から稼働中）などです。

「バトラー」の最大積載重量は、専用ラックを含めて500kg。時速4kmで移動できます。フル充電で約8時間の稼働です。複数台のバトラーは、システムに従って、ぶつかることなく同時に移動・運搬することができます。単体でも赤外線センサーを備えているため、通路に障害物がある場合は検知して停止したり、異常をスタッフに通知したりすることができる仕様になっています。

自動搬送ロボット「バトラー」

倉庫内の自動搬送ロボット「バトラー」（Butler）はグレイオレンジ製。ニトリやトラスコ、大和ハウスなどが導入している。

システムと連携するインテリジェンス

倉庫で使用する場合、重要なのは単体のロボットではなく、受注システムと連携してインテリジェントに管理されることです。バトラーシステムはAI関連を含めて機械学習技術を使った知能化と効率化がはかられています。例えば、出荷頻度に合わせてシステムが最適なラックの配置を算出し、最も効率的にラックを並べるよう管理しています。

日本の場合、四季がはっきりしているため、季節ごとに売れ筋商品が変わってきます。システムはそれを考慮し、売れ筋商品を梱包担当者に近い位置に自動的に配置するようにして、頻繁に受注する商品の棚は移動時間が少ないように配慮するのです。また、売れ筋のシャープペンは売れ筋のシャープペンの芯と同時に購入されるケースが多いことがわかると、それらの製品在庫は同じラック内に置けば効率的だといえるでしょう。更に、最も売れ筋の商品はスタッフがピッキングしやすい胸の高さ付近、いわゆるホットスポットに配置することでピッキング担当者の負担も減ります。

これらをAIシステムが解析したり、学習したりして、自動で倉庫の商品配置の最適化をはかっていくのです。スタッフは、システムが解析したとおりに在庫商品を配置することで、システムとの整合性をとっていきます。

物流ロボットシステム「EVE」の例

このようなシステムはほかにもあります。例えば、中国のベンチャー企業ギークプラスが開発する物流ロボットシステム「EVE」は、作業担当者のもとへロボットが商品棚を運び、3倍以上もピッキング作業効率が向上するといいます。人手不足解消に貢献する「ピッキング（棚搬送）システム」と、人や障害物を検知しながら最大1000kgを目的地まで搬送する「ムービングシステム」の2種類で構成されます。

佐川急便を中核とするSGホールディングスグループの佐川グローバルロジスティクス株式会社（SGL）は、埼玉県蓮田にオープンした蓮田営業所において、この商品棚ごと運ぶ自動搬送ロボット「EVE500」を32台導入し、自動化による省力化と働き方改革を進めることを2019年11月に発表しています。

物流ロボットシステム「EVE」

「ムービングシステム」工程間搬送

・レーザーセンサーで人や障害物を検知（人とロボットの共働・共存）
・積載荷重：最大1000kg
・様々なアタッチメントを用意　パレット搬送や自動コンベア連携も可能

「棚搬送システム」ピッキング作業効率向上

・従来のシステムに比べ、低コスト、高生産性、多種・多数のメリット
・手作業ピッキングに比べ　3倍以上の効率向上
・「効率的な棚配置」同敷地面積で　棚数50%拡張

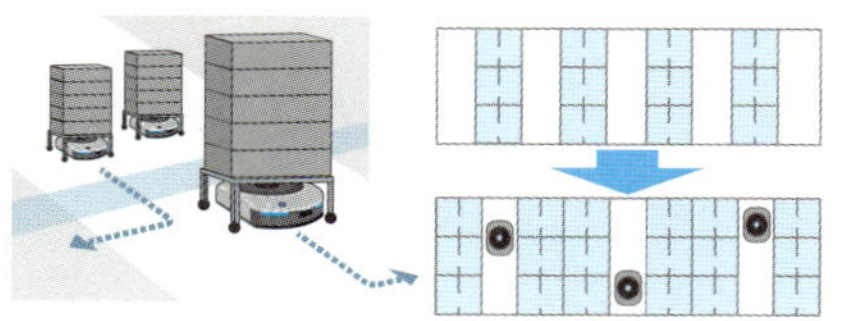

中国のベンチャー企業ギークプラスが開発する物流ロボットシステム。

日本の物流市場

グレイオレンジ社によれば、日本の物流市場は最大25兆円と大きく、GDPの5%を占めているとしています。210万人が業界で働いていて、この数字は日本の全就業者数の3%にあたります。また、日本の物流の品質は高く、世界的に見ても競争力は高いレベルにあることが特徴といいます。

日本の物流市場

日本の物流市場

出典：物流団体連合会

・規模：最大 25 兆円（GDP の 5％）
・業界人口：213 万人（全就業者数の 3％）
・日本の物流競争力は世界的に高いレベル

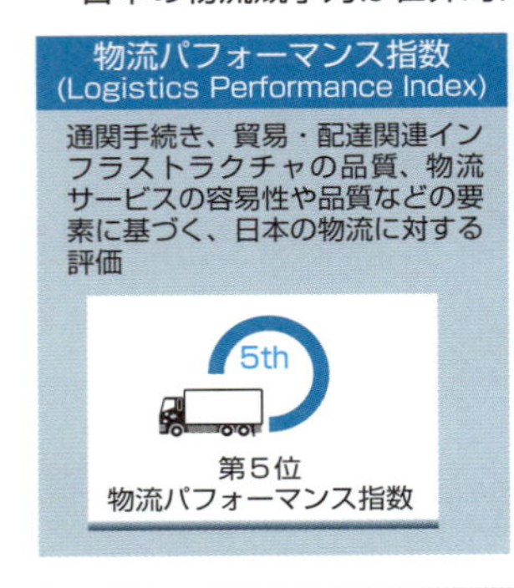

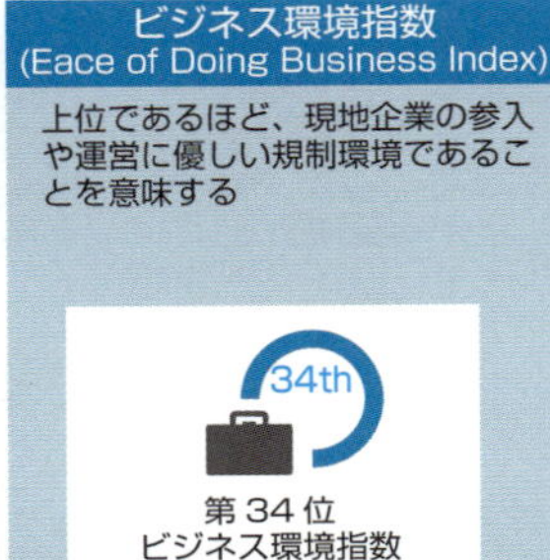

日本の物流市場の規模は最大25兆円。GDPの5%を占め、物流競争力は世界的に見て高い、と分析。

出典　グレイオレンジ社

また、日本のオンライン市場は全世界で中国、米国に続いて第３位、利用者数も年々増加していて世界第11位（2018年）となっていて、消費者の期待値の高さは世界最高標準にあると分析しています。特に消費者は、オンラインショップには３カ月ごとに新製品が並ぶことを期待していて（四季がはっきりしていることも影響）、新製品への入れ替えが激しいことは、物流業界にとっては大きな負担になっていると見ています。

オンラインショップから発送された荷物はトラックや飛行機によって運ばれます。トラック輸送についても人手不足と高齢化が進んでいます。それを解消するために期待されているのが、次節で解説する、自動運転による「**隊列走行**」の実現です。

3-2

トラックの隊列走行（ソフトバンク）

一般の道路を無人の貨物トラックが走り回るのは、まだ先の未来の話です。

段階を追って実現するには、その前に「隊列走行の実現」が研究されています。隊列走行とは、先頭車両にはドライバーが乗って運転しますが、後続のトラックは無人で追従するシステムをさします。隊列走行の実証実験を積極的に行っているのはソフトバンクです。

ソフトバンクによる実証実験

物流分野の課題解決のために総務省は、「高速移動時において無線区間1ms、End-to-Endで10msの低遅延通信を可能とする第５世代移動通信システムの技術的条件等に関する調査検討」を行っています。簡単に言うと、4Gでは通信の際の反応速度（レスポンス）が遅すぎるので、隊列走行時に急な反応に対応できず、追従する車両が前の車両に追突したり、大きく車間が開いてしまったりする可能性があります。

そこで期待されているのが「**5G**」です。5Gの新たな無線方式である「**5G-NR**」（NRはNew Radioの略）という伝送技術を使って、2020年３月以降に標準化が予定されている車両間直接通信「**3GPP 5G-NR Sidelink**」の通信試験を屋外で行うのです。

ソフトバンクはこれに応えて2018年９月より実施。2019年に実験が成功したことを発表しています。

ソフトバンクによるトラックの隊列走行の実証実験

この実証実験は「モニター映像」（大容量）と「制御メッセージ」（小容量）という大きさが異なるデータを、それぞれ5Gを使って送受信し、無線区間で1ms以下（msはミリセカンド＝1000分の1秒）、かつ「ネットワークEnd-to-End」で10ms以下（通信ネットワークの区間内全体で見ても100分の1秒）で通信するものです。低遅延性と正確なデータを確実に送受信する高信頼性に関する実証試験でした。そしてこの時、無線区間の遅延時間が1ms以下となる低遅延通信に、世界で初めて成功したことを発表したのです。

低遅延通信に成功

4.5GHz帯
車両間
直接通信

4.5GHz帯
車両間
直接通信

出典　ソフトバンク

この技術は、走行中のトラックにおいて加減速情報や車間距離情報などを車両間で共有するなど、さまざまな活用が期待されています。「5G-NR」の無線伝送技術に基づく車両間直接通信を行う実験用試作機をトラックに搭載し、5Gの周波数帯のひとつである「4.5GHz帯」の実験局設備を使用して、走行中の車両間で通信試験を行い、車両間直接通信の遅延時間が1ms以下となる低遅延通信を行いました。

V2V（車車間通信）

また、次に重要となるのが「**V2V**」（Vehicle to Vehicle、V2V通信）、**車車間通信**、トラックとトラックの直接通信です。

ソフトバンクは2019年4月、基地局圏外における5G実験用試作機（5G車載端末）間の自律的な直接通信で、無線区間の遅延時間が1ms以下となる低遅延通信にも世界で初めて成功しています。

それまでの実験では、基地局圏内では効率的な無線制御を実現していましたが、基地局の圏外になると通信ができないという課題がありました。そこで基地局圏外でも自律的に直接通信を行う、4.5GHz帯を使用した5G車載端末を新たに開発したのです。これにより、5G基地局が展開されていない地域やトンネルを走行中のトラックでも、安定的に加減速情報や車両制御情報などを隊列走行の車両間で共有可能になります（**次ページ**の図参照）。

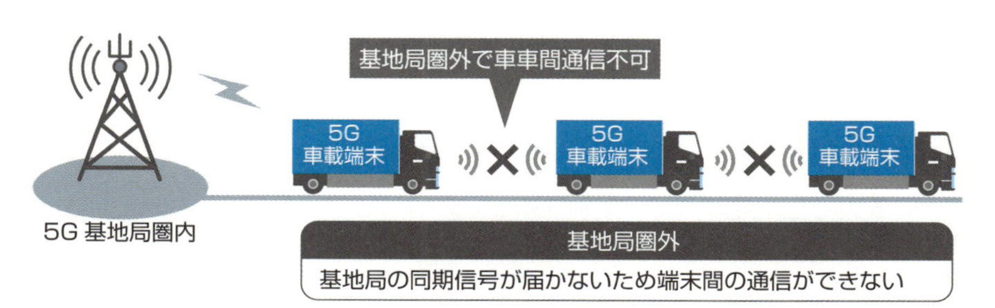

これまでの車両間直接通信の屋外フィールド試験では、基地局との通信が必要だった。

出典　ソフトバンク

新しい車両間直接通信

基地局圏外も車車間通信可

5G
車載端末

5G 基地局圏内

基地局圏外

5G 車載端末の同期信号により各端末間の通信が可能

基地局圏外でも、車両間で直接通信する屋外フィールド試験を実施して成功した。

出典　ソフトバンク

そして、2019年6月、ソフトバンクはこの実験をさらに進めて、新東名高速道路でトラックの隊列走行の実証実験を展開し、5G技術を使った車間距離の自動制御に世界で初めて成功したのです。注目すべきポイントは、一般車も走行する高速道路において、5Gの車車間通信を使って自動で車間距離を保った走行ができたことです。一般の高速道路で、しかも交通量が決して少なくない新東名高速道路において3台のトラックによる隊列走行の実験を実施し、時速約70kmで一定の車間距離を保って走行する実験（車間距離自動制御の実験）に成功したのです（もちろん、実験は運転手が各車両に搭乗して行われています）。

5Gの車車間通信による車間距離の制御

自動車同士の通信だけで、車間距離を調整して隊列走行ができた。

この実験では、5Gの車車間通信（4.5GHz帯使用）によって一定の車間距離を保って自動走行する「**協調型車間距離維持制御**」（**CACC**：Cooperative Adaptive Cruise Control）という技術が用いられました。無線の方式には、従来通り「5G-NR」が使われています（3GPPにおいて2020年３月以降に標準化が予定されています）。

ソフトバンクは、このように実現に向けたプロセスを一歩ずつ、着実に前進させていることが感じられます。ソフトバンクはプレスリリースを通じて次のようにコメントしています。

「今後もソフトバンクは、『5G-NR』の無線伝送技術に基づく車車間通信に特有な電波伝搬環境や技術的要求条件を把握する目的で、車車間通信の標準化に先駆けて、実証試験を進めていきます。また、トラック隊列走行の早期実現に向けて、引き続き技術検証および実証評価を行います」

新東名高速道路でトラックの隊列走行

トラック輸送を経て、発送された荷物はいよいよ消費者のもとに届けられます。物流において、消費者や最終目的地に近い地域を**ラストワンマイル**と呼び、その配送をラストワンマイル輸送、ラストワンマイル配送と呼びます。

3-3

ラストワンマイルの配達の自動化に挑む三菱地所

三菱地所と言えば、日本を代表する大手不動産ディベロッパーの一角です。特に丸の内地域の開発や横浜ランドマークタワーの運営等でも知られています。そして、三菱地所はすでに現実問題として顕著に表面化している清掃・物流・配送・運搬・警備などの業務に対して、ロボットや自動運搬車による自動化で対応していこうと試行錯誤しています。

清掃分野では自動走行する清掃ロボット、警備分野では自律警備ロボット、物流・配送・運搬分野では自動搬送車（AGV）などを活用する実証実験を積極的に展開しています。これらには「自動運転」の技術と同様のものが基本的に利用されています。

追従型自動運搬車を横浜ランドマークタワーでテスト

2018年9月、三菱地所は横浜ランドマークタワーにおいて、4種類のロボットの実証実験を行うことを発表しました。実証実験は2018年9月3日～16日までの2週間という短期間でしたが、警備、清掃、運搬の3分野で4種類のロボットによる自動化を試しました。自動化による労力削減や、人手不足の解消という課題に対して、ロボットがどこまで有効かを検証するためです。

3分野でのロボット実証実験

自動運転技術で自律走行する警備ロボットは、SEQSENSE社の「SQ2」。三菱地所はSEQSENSE社に出資している。

自動運転技術で決められたルートを清掃するスクラバー式の自動清掃ロボット「Neo」（マクニカ）。

自動追従機能がある自動運搬車（AGV）「PostBOT」。

CASEというテーマで見ると、その中でも特に気になるのが、**自動運搬車（AGV）**でしょう。

「警備ロボット」や「清掃ロボット」には、自動運転車と同様、「**LiDAR**」（ライダー）と呼ばれるレーザーセンサーや赤外線センサー、音波ソナーなどを装備し、マップを生成したり、歩行者や障害物を自動的に検知して停止したり、接触を回避したりする行動をとることができます。

一方、この実証実験では、人に追従して自動走行するロボットが2種類、自動運搬車の実験として導入されました。ユースケースも大きく異なります。

追従型運搬ロボット「PostBOT」はデリバリーに活用

追尾型（自動追従型）自動運搬車のユースケースのひとつめは、デリバリー事業での活用です。

実証実験に協力するのはデリバリーサービス事業を展開するスカイファーム社。横浜ランドマークタワーには「ランドマークプラザ」など、一般に観光客が訪れる商業エリアと、オフィスエリアがあります。ランチタイムにはオフィスエリアで働くたくさんのオフィスワーカーから「ランドマークプラザ」のテナントが提供するお弁当の注文を一括して受けているのがスカイファーム社です。同社のスタッフがテナントを巡回して商品を集め、オフィスエリアに配達する業務を行っています。

本来は商品を集めて配送するこの作業を完全自動化することで、スタッフの少人化をはかるのが目標ですが、現在の技術ではまだ実用化できないので、まずは手押しクルマに乗せて運ぶ作業を自動運搬車がスタッフに付いて走ることで、スタッフの労力を削減してみよう、というのが実証実験の試みです。

追従型運搬ロボット「PostBOT」の実証実験①

オフィスワーカーの注文に応じて、各飲食店で注文のあったお弁当を集荷する。

商品のお弁当をAGVに積み込む。

追従型運搬ロボット「PostBOT」の実証実験②

スタッフが歩き出すと、AGVは自動で追尾を開始する。スタッフは次の飲食店に向かう。

次の飲食店でも同様にお弁当を集荷して積み込む。

通常は手押し車を押して何度も往復するところを、女性スタッフは商品を積み込む作業とAGVを引き連れて歩く作業が主な仕事となり、押す必要がなく、集荷と集配が行えました。

災害対策用の土のうを運ぶ運搬ロボット「EffiBOT」

もうひとつの自動運搬車「EffiBOT」は、少し背の高い、モーター付きの台車といった風貌です。フランスのEffidence社が開発したもので、特徴のひとつは「PostBOT」と同様にやはり**追尾型**（**自動追従型**）の機能を持っていることです（自律走行もできる）。積載量は最大150kg程度の仕様ですが、実際は300kg程度が運搬できる見込みです。実証実験では多くの土のうを積んで担当者を追従するデモが行われました。このロボットは、「三菱地所総合防災訓練」でも使用されています。

運搬ロボット「EffiBOT」

空荷の「EffiBOT」。自動追従、マッピングによる自動走行、隊列走行などに対応している。

豪雨の予報が出たときなど、災害に備えて土のうを運ぶ作業が必要になりますが、スタッフ不足や高齢化のため、迅速に対応できないケースもあるといいます。

「EffiBOT(エフィボット)」が走行面の機能で「PostBOT」と異なるのは、**マッピング**機能です。自律的にマッピングを行って自動走行できるため、人を追従するだけではなく、運搬する地点を地図で指定して自動で搬送させることができます。フランスでは物流倉庫や工事現場などで、重量のあるものを自動運搬する業務で利用されているとしています。

また、隊列走行（カルガモ走行）にも対応しているので、複数台の「EffiBOT」が人を追従して搬送することもできます。その場合には、ひとりのスタッフに追尾して複数台の「EffiBOT」で土のう等を運ぶことができます。

運搬ロボット「EffiBOT」の実証実験

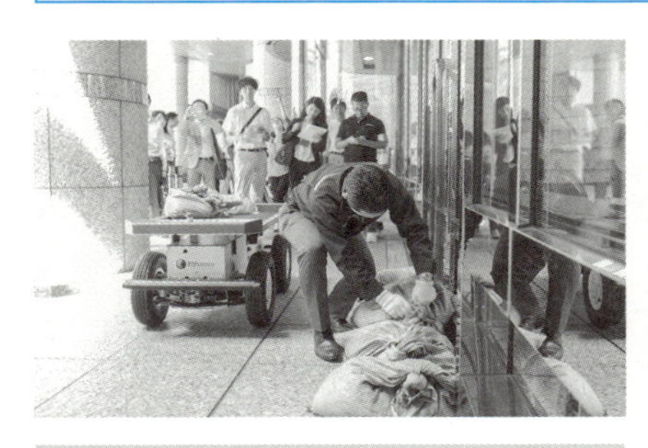

移動した先で土のうを降ろして設置しているところ。この作業は人力だが、ここまで運んでくる作業の労力を削減できる。

荷台と動力システムの間に、ランプのように見えているのがLiDAR。

三菱地所と立命館大学がロボット活用で戦略的パートナーシップ

2019年3月、三菱地所と学校法人立命館は、清掃ロボット、警備ロボット、運搬ロボット、コミュニケーションロボット等を活用した次世代型の施設運用管理モデルの構築を目指し、実証実験および実用化に向けた「戦略的DXパートナーシップ協定」を結ぶことを発表しました。

その第一弾として、自動運搬車（AGV）の「EffiBOT」と「Marble」、コミュニケーションロボット「EMIEW3(エミュー3)」、掃除ロボット「Whiz(ウィズ)」、警備ロボット「SQ-2」、パーソナルモビリティ「WHILL（ウィル）」を立命館のキャンパスに導入し、実証実験が行われました。

施設運用管理に用いられるロボット

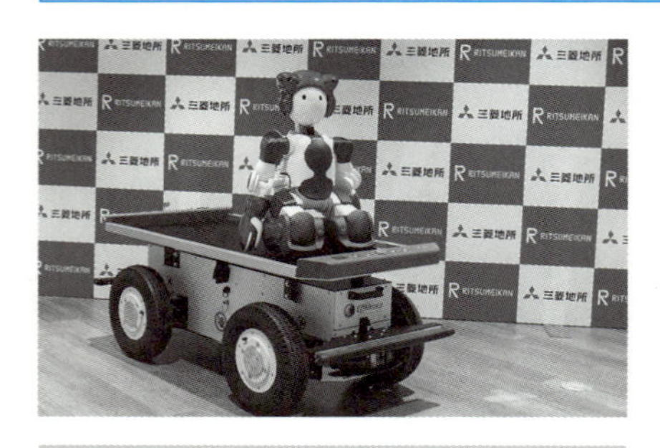

自動運搬ロボット「EffiBOT」と、それに乗っかっているのがコミュニケーションロボットの日立の「EMIEW3」。

三菱地所が現時点で最高レベルの警備ロボットと評価する「SQ-2」。右はソフトバンクロボティクスの自律清掃ロボット「Whiz」。三菱地所は約100台のWhizを導入することを発表している。

◆新たな社会「Society5.0」をめざす

立命館は現在「挑戦をもっと自由に」をキーワードに学園ビジョンR2030を掲げていて、そのうちのひとつが「未来社会を描くキャンパス創造」、ロボットの活用が重要な要素となるとしています。

立命館によれば、発表時点の大学生の数は約4.1万人、留学生が約5千人、小学生から高校生が約7千人、障がいを持つ学生が123人など。学園のキャンパスはダイバーシティが進み、まさに社会を凝縮した空間とも言えます。一方でキャンパス内の道路は道路交通法の規制も及ばないため、効率化や自動化を検証する実証実験の場として、更には多くの人たちの反応や意見を収集する場としても最適な場所、ダイバーシティとして学校のキャンパスは実証実験に最適と強調しました。

導入台数はキャンパスや施設などの場所によって変わってくるとしています。掃除ロボットの「Whiz」や警備ロボット、コミュニケーションロボット「EMIEW3」については大阪茨木キャンパスから導入をスタートする見込みで、「Whiz」は複数台の導入を考えていますが、どのくらいの面積を何時間で清掃しなければならないかを今後検討して台数を決めていく考えです。運搬ロボットは「EffiBOT」と

「Marble」の実験を予定していて、大きなキャンパスや施設で書類や食べ物などを運ぶ業務から実験していきます。これらも各1台から導入して検証を進めるとのこと。

警備ロボットも同様に、将来的には複数台の導入になりますが、まずは1台からの検証です。コミュニケーションロボット「EMIEW3」も1台から導入をはじめ、立命館大学の入学式に活用し、新入生に歓迎の挨拶を行ったり、学生との簡単なコミュニケーションをしたりすることから実験をスタートします。また、多言語対応が可能なので、将来は外国人留学生や外国からの来客の応対にも展開していきたいとしています。

立命館はキャンパスによって敷地や施設の環境が大きく異なります。例えば、びわこ・くさつキャンパスはゴルフ場のハーフ分くらいある広大な面積で、そこに50棟の施設が建っているため、移動したり、書類の受け渡しをしたりするだけでも大きな負担になり、自動運搬車の働きが期待されています。また、大阪では巨大な長い1棟の建物のため、雨の日でも濡れずに室内を移動できる環境にあるので、ロボットへのニーズも大きく異なります。このようにキャンパスによって、必要とされるロボットとその役割が異なる環境で実験をすすめることができます。

ロードマップとしては、2019年度上半期に試験導入を開始し、キャンパス管理の効率化や高度化を目指し、下半期には導入効果を検証、コストの最適化やキャンパス管理の仕様変更も検討するとしています。これを経て、2020年上半期に次世代キャンパス管理モデルを構築し、最終的には「ロボットキャンパス実装ガイドライン」を策定するとともに、それをもとにした「ロボット社会実装ガイドライン」を、政府を含めて提案していく考えです。

立命館のロボット導入施策

未来社会を創造する立命館学園　―挑戦をもっと自由に―

◇ロボットマーケット

- 商業施設、オフィスビル、空港での導入が進んでいる
- 大学での実導入は数少ない（未開拓）
- 立命館で導入すれば他大学へとマーケットは広がる

立命館が先駆けてロボット導入

◇コンセプト

- 人とロボットの協業を追及（新しい働き方の提案）
- 最先端テクノロジーを誰でも身近に感じる
- 誰一人取り残さない、人とロボットが共存する社会

未来社会を創るキャンパス

◇実証実験

- 導入可能なロボット開発支援としてキャンパスを提供
- 導入に向けた課題をフィードバック
- 常にキャンパス内で様々なロボットの実証実験を実施

キャンパス内は私有地で実験に好都合

◇戦略的 DX パートナーシップ

- 運営管理効率化
- 最先端テクノロジーの活用による情報発信
- ロボットの社会実装に向けた課題解決

立命館のフィールドでチャレンジ

出典　立命館

屋内外を走る自動搬送ロボット「Marble」

三菱地所は、丸の内エリアでも次世代物流の自動化とデリバリーロボット導入への展開に積極的で、三菱地所グループが全国に所有していたり、運営管理していたりする様々な施設にも、次世代物流システムの導入や活用方法を今後も検証していく方針を示しています。

その一環として、三菱地所は2019年5月、アメリカのロボット開発企業Marble（マーブル）社の自動運搬ロボットによる自律走行実証実験を東京・大手町で実施し、その様子を報道関係者に公開しました。

大手町パークビル等の敷地内を走る自動運搬ロボット

　Marble社は「1909年からの110年間で物流の作業形態はほとんど変わっていない。大きなクルマ（トラック）で荷物を運び、クリップボードを確認しながら配送先を探して配達している。我々はこのラストワンマイルの業務形態を自動搬送ロボットによって変えたい」と語りました。

　この自動運搬ロボットは、サンフランシスコでマーブルが実験を重ねてきた製品で、日本では初公開でした。最大の特徴は、屋外と屋内をシームレスに、スムーズに自律走行すること。予め、専用のマップを作成しておけば、広い範囲でもカバーできます。

自動搬送ロボット「Marble」①

敷地内なら自動搬送ロボットの導入時期を早くできる。

自動ドアの前で一時停止し、ドアが開くと自動で発進して屋内へ。赤外線センサーやレーザーセンサーは反射光を利用するので、光を通してしまうガラスを認識できるのもロボティクスでは重要な技術のひとつ。

自動搬送ロボット「Marble」②

テラスのユーザーに配達。スマホに通知され、暗証番号を入れて商品を受け取る。

Marbleの実証実験は、まずは連携を発表した立命館大学のキャンパス内で行われました。その結果が高評価だったこともあって、三菱地所のお膝元である丸の内エリアでの実証実験へとコマを進めました。実証実験では、飲食店で商品を積み込んでテラス周辺の顧客へ届けるデモが行われ、建物内とビルの敷地内を行き来する様子も実演されました。実は、自動運搬車では屋内と屋外で自律走行する技術が異なるケースも多く、両方に対応するものはまだ多くありません。

例えば、屋内の場合、ロボット掃除機の例に見られるように、SLAM(スラム)という技術を使って自ら部屋の形状や置いてある家具や観葉植物をマッピングし、定められた場所へ移動する手法がとられます。屋外の場合は、GPS（全地球測位システム）などの情報を元に予め用意されたマップと照合してルートを決定して移動します。そのため、屋外での走行を前提とした自動運搬ロボットの多くは、GPSが使えない屋内を自律走行することが難しいケースも多いのです。

Marble社のロボットは高性能のレーザーセンサー（LiDAR）と複数のカメラを活用した独自技術を搭載しています。事前に専用のマップを作成しておきますが、予めリモートコントロールで遠隔走行することで、搭載したLiDARとカメラによって自動的にマップの作成ができます。Googleマップのような地図情報や建物のCADデータなどを全く必要としない点も特長です。専用に作成したマップで中継地点やゴール地点を指定するだけで、自律的にルートを設定して走行し、障害物を検知したり、人やモノが飛び出した際は瞬時に検知して停止や回避行動をとったりすることができます。

Marbleの内部

カバーを開いたところ。荷重最大積載量は約90kg。収納スペースは43.18×50.8×43.18cm。

自動搬送ロボットのフロント部のカメラ群。

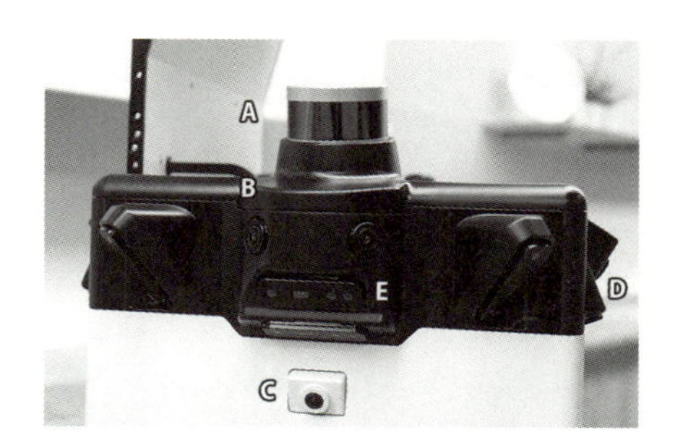

一番上は大きなLiDARセンサー（A）。その下に前方用RGBカメラが2個（B）、更にその下に下向きのRGBカメラ（C）が見える。横は左右に各1個ずつ（D）、後ろに1個搭載されている。（E）には深度センサー（デプスカメラ）とライトがある。なお、LiDARは小型のものがボディの下部にも設置されている。

こうして屋内でも屋外でも、また屋内外を経由して複数の建物内も、自律走行でシームレスに行き来することができるしくみです。雨天でも走行できます。三菱地所はこれを世界最高レベルの自動運搬ロボットと評価しています。

報道関係者向けの発表説明会では、LiDARとカメラで予めマッピング済みの自動運搬車を使って、まずは敷地内の屋外を走行。自動ドアを通って大手町ビル内を自律走行し、再び自動ドアを通ってビル外に出て自律走行を続けるというデモが公開されました。

感想としては、走行スピードも比較的速く、人を検知するとキビキビと回避行動をとる印象です。大学のキャンパスのように、横に広い敷地内で、建物内にも入って行く環境では即戦力として活躍できそうに感じました。

◆スマートシティ構想での自動運送ロボットの役割

三菱地所は、Marbleのような技術と自動搬送ロボット等を使って、屋内を起点とした商品等の配送から行たい考えです。執筆時点(2020年1月)では、道路交通法によって、歩道を含めた公道を自動搬送ロボットがどこでも走行することはできませんが、将来的に公道を経由して、複数の建物間を自律走行し、エリア内の無人物流の実現を目指しています。

ただ、高層ビルが多い丸の内エリア等では、自動搬送ロボットとエレベータとの連携が不可欠です。これを研究することで多層階への対応も視野に入れたい、としています。

例えば、物流トラックがビルのテナント宛の荷物を地下駐車場まで配送し、そこから先は自動搬送ロボットに積み替えて、自動的に各戸やオフィスにエレベータを利用して配達するイメージです（**次ページの図参照**）。実際にロボットとエレベータの連携構想は進んでいますが、建物やエレベータの改造等が必要となるため、本格的に進むのはこれからです。

ロボットとエレベータの連携構想

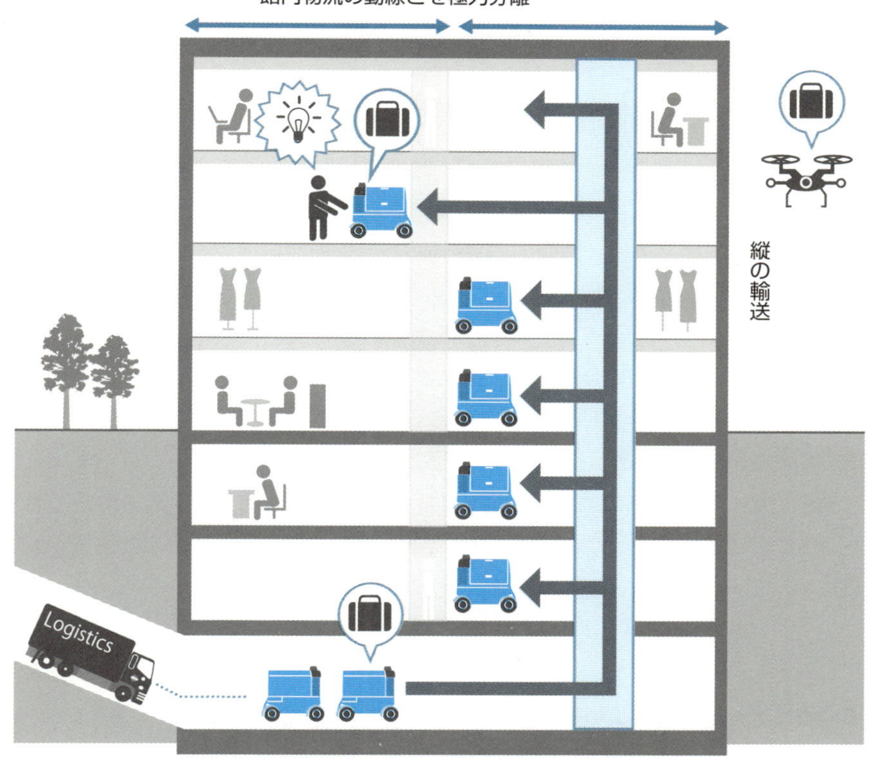

配送トラックはビルの地下に配達し、そこから自動搬送ロボットがエレベータと連携して、ビルの各階の各戸へ荷物を自動搬送するイメージ。ドローンの活用も視野に入れている。

出典　三菱地所

3-4

楽天と西友が描く配送の自動化

次に、大手の小売事業者による自動配送の取り組みを見てみましょう。

ドローンによる有料配送サービスを実施

ビーチでバーベキューの食材や飲料、救急用品を注文すると、ドローンが片道約1.5kmの海を越えて配達してくれるサービスが、2019年の夏に行われました。3カ月の期間限定ですが、ドローンによる有料での商用配達サービスは日本初ということで、注目されました。

実施したのは楽天と西友で、神奈川県横須賀市の協力によるもの。場所は年間20万人が来島する人気の観光地、猿島です。東京湾に浮かぶ無人島で、横須賀の三笠桟橋から船で約10分のところにあり、特に夏場にはバーベキューや海水浴、釣りなどを楽しめるとあって多くの観光客が訪れます。

猿島のビーチの対岸に見える「西友 リヴィンよこすか店」に、スマホの「楽天ドローンアプリ」を使って商品を注文すると、ドローンがビーチまで配送してくれるしくみです。配送料金は500円。

サービス開始に先立ち、「離島へのドローン配送発表式典」が行われ、報道関係者向けにデモも行われました。

楽天は大型と小型の2種類のドローンを持っていて、以前から様々な地域でドローンによる配送実験を行ってきました。「楽天と西友、離島へのドローン配送」では大型のドローンを使用して猿島への配送サービスを行いました。

ドローンと有料配送サービスの概要

楽天ドローン配送サービスは、2019年7月4日より約3カ月間の木・金・土曜日に、横須賀の西友から猿島ビーチに有料で配達を行った。

サービス概要

日本初、猿島へバーベキュー食材などの商品をドローンで配送

サービス期間
2019年7月4日～約3ヶ月
※木、金、土の週3日を予定

飛行距離
片道約1.5km（右図参照）

配送ドローン
完全自律飛行
離陸から片道約5分でお届け

配送商品
西友リヴィンよこすか店より提供
・BBQ用の食材や飲料、救急用品等
・約400種類

ドローン配送サービスの概要。片道1.5kmの主に海上を飛んでドローンが商品を配送する。

◆楽天ドローンによる配達の流れ

配送サービスの流れは、次のとおりです。

まず、猿島にいるユーザーがスマホアプリ「楽天ドローン」を使って、飲み物や食材、日用品や救急用品など、約400種類の中から商品を注文します。注文時に配送時間の選択をします。支払いは「楽天ペイ」（オンライン決済）です。

注文を受けた西友のスタッフが商品を用意して、屋上で待機する楽天のスタッフに商品を渡します。商品をドローンに積み込み、ドローンは猿島に向けて飛び立ちます。距離は片道約1.5km。高度は約40m。時速36km/hで飛行し、約5分の飛行時間です。なお、配送中、ユーザーはアプリでドローンの現在位置を見られるため、自分が注文した商品が今どこを飛んでいるのかを確認できます。ビーチに到着した際にもアプリに通知が届くことになっています。

猿島のビーチにはドローン着陸用のドローンポートが用意されていて、海を越えて飛んできたドローンは自動的にポートに着陸します。ポートに着陸すると、ドローンは自動で荷物を切り離し、すぐに再び離陸、海を渡って西友の屋上に帰投します。

ドローンが離陸すると、届けられた荷物を猿島の楽天スタッフが回収、中身を確認した上で、注文したユーザーに引き渡して納品が完了、という手順です。なお、運営は横須賀側は西友に２人、猿島側にも２人のスタッフによって行われます。

ドローンによる配達の流れ

海を越えて飛んできた楽天ドローン（写真左上）を猿島ビーチ側から撮影した。

猿島ビーチのドローンポートに着陸する楽天ドローン。着陸すると自動で荷物を切り離して、ドローンのみ帰投する。

ドローンが運んできた箱を楽天のスタッフが回収。

商品を確認したら注文したユーザーに手渡し。

風速10m以内の状況なら飛行でき、雨天は配送中止となります。技術的に興味深いのは、このドローンにはカメラを搭載していないことです。飛行はビジョン技術（カメラ）ではなく、**位置情報**を使って行います。着陸にもビジョンは使っていません。

位置情報には**GPS**や**GNSS**(Global Navigation Satellite System)を使用し、更に**RTK**（Real Time Kinematic）を使用するため、精度は数10cm内の誤差で着陸できます。

◆ドローン配送の将来に向けた着実なステップ

夏だけの短期間で商用ドローン配送サービスを実施することに意味があるのでしょうか。ビジネス面、採算という点で言えば答えは「ノー」です。しかし、それが目的ではありません。

楽天と西友は「配送料金はユーザーが利用しやすい金額に設定した。しかし、とうてい採算の取れる金額帯ではない」としています。たしかにその通りでしょう。週に3日、最大でも1日8便、雨天中止という運送業は、とても利益が見込めるものではありません。しかし、「現状ではさまざまな法的な制限もある我が国のドローン配送の事情に対して、採算を無視してでも有料配送サービスを実現するのは、今後のビジネスを切り開くためには必要」と語っています。やってみなければ課題も問題点も、そして思わぬ利点も見えてきません。日本の厳しいラストワンマイルの配送業界にとっては、着実な一歩となるに違いありません。評価すべき実証実験だといえるでしょう。

なお、2019年9月中旬に楽天が公表したサービスの状況によれば、注文数は70件以上、注文の開始の直後に予約が埋まるほど好評だったといいます。配送した商品は450個以上にのぼり、人気の商品はアイス、牛肉、ソフトドリンクとなっています。

更に、横須賀市、楽天、西友は猿島へのドローン配送を実現した後、今後はインフラや災害時など、ドローンを幅広く活用していく可能性に意欲を示しました。

離島への運送配達は、以前から大きな課題です。特に緊急物資や救援物資の配達は船舶や飛行機では採算性が課題となります。ドローン配送のノウハウが蓄積され、日常的になってくれば、離島への配達や緊急物資の輸送コストが下がる可能性があります。

　また、最近では**自然災害**による道路や情報の寸断がたびたび課題となっています。モビリティや人が移動するのに困難な地域でも、ドローンなら行くことができます。こうした有事にも活躍が期待されています。

横須賀市におけるドローン配送ビジョン

猿島ドローン配送

人がいない海上を飛行
運用のノウハウの蓄積

物流困難者支援

緊急時インフラ構築

横須賀市の丘陵地や階段が多い地域で日用品等を
ドローンで配送し、有事の際は救援物資の配送を実現

短期間の商用配達サービスの運用を経て、将来は物流インフラのひとつとしての活用や災害時の活用も視野に入れる。

自動運搬車（UGV）による商用配達サービス

「離島へのドローン配送」を発表した約3か月後、楽天と西友は同様なしくみを使って、今度は地上での**自動運搬車による商用の配送サービス**を発表しました。これもドローンと同様、日本初の試みとなりました。場所はドローンの実証実験を行っているのと同じ横須賀市にある「西友 リヴィンよこすか店」。配達先は、西友に隣接するうみかぜ公園です。海と猿島が見えて、春と秋の土日·祝日は多くのバーベキューやピクニック、家族連れなどで賑わいます。配送料金は300円。

　利用客はドローンのときと同様に、スマホアプリ「楽天ドローン」で商品を注文します。届け先は公園内に設置された6カ所の配達場所の中からユーザーが選択して指定します。選択した時間帯に自動で届けられるしくみです。

なお、自動運搬車や自動搬送車、自動走行ロボットは通常「**AGV**」（Automatic Guided Vehicle）や「**UGV**」（Unmanned Ground Vehicle）と呼んでいます。楽天では後者の名称で呼んでいます。

楽天のUGVの最高速度は約20km/hですが、今回のサービスでは時速5～6km/hで走行し、歩行者より少し遅い速度で移動します。最大積載量は50kgまで対応できるのですが、今回のサービスではそこまでの重量は想定せず、大きな保冷バッグ4つまでとしました。それを超える注文が入った場合は、顧客へ電話で連絡して対応しました。

UGVによる商用配達サービス①

公園でUGVが配達した商品を受け取った利用客（UGVの報道関係者向けのデモにて）。

使用する自動走行ロボット（UGV）。後ろに見えるのが「西友 リヴィンよこすか店」。

海に面した芝生が拡がる「うみかぜ公園」。海の向こうに猿島が見える。前述のように猿島ビーチへはドローンの自動配達のサービスを提供した。

公園内では配送サービスの告知と、アプリの使い方（注文のしかた）を解説するポスターが貼られ、公園の利用客への告知とPRが行われた。

UGVによる商用配達サービス②

UGVには複数の扉が用意され、暗証番号によって開く扉が異なるため、複数のユーザーからの注文にも、一回の巡回配達で対応できる。

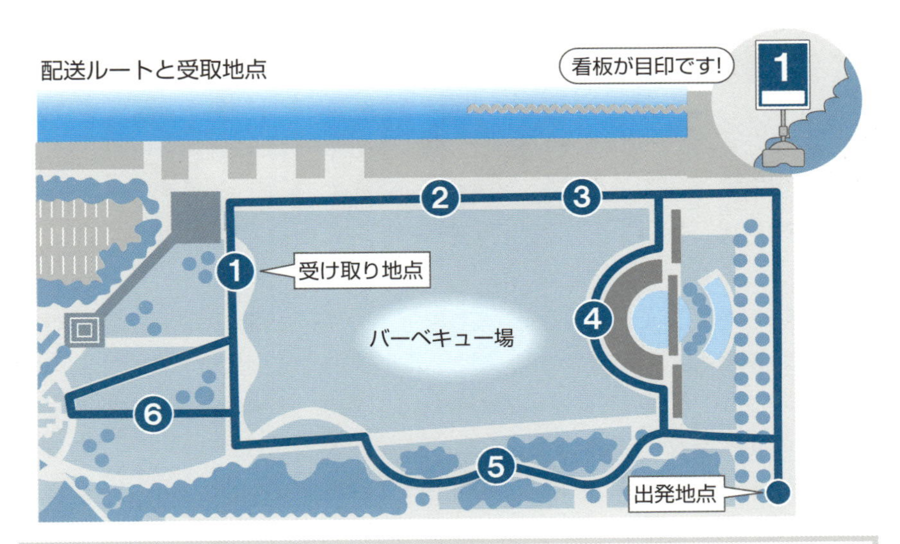

公園内のUGV巡回コースはあらかじめ決められていて、ユーザーはどこで商品を受け取るか、6カ所から選択できる。

◆楽天UGV配達の流れ

楽天UGVによる無人配送の流れは、楽天ドローンのときと似ています。うみかぜ公園内の利用客は、スマートフォンのアプリ「楽天ドローン」を使って商品を注文します。商品は生鮮品を含む食材や飲料、アイス、救急用品など約400品目です。

楽天UGV配達の流れ

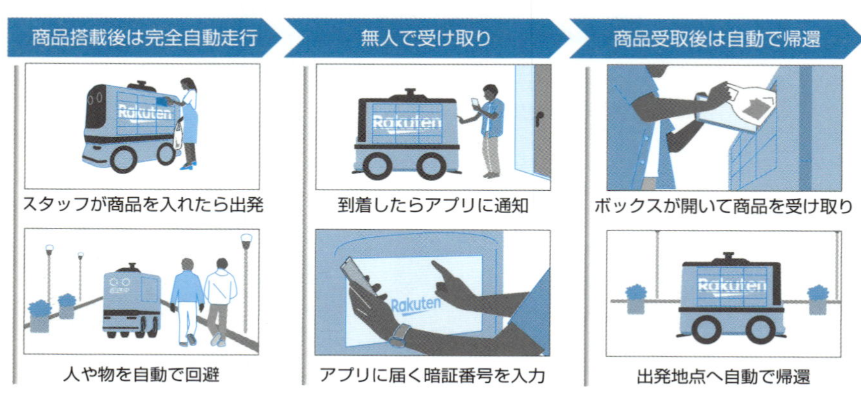

出典　楽天

注文時に利用客は、配達時間と受け取り場所（6カ所から選ぶ）を選択できます。アプリでは配達状況（UGVがいまどこにいるかなど）も把握できます。

西友のスタッフが商品を準備して保冷バッグに詰め、楽天のスタッフがUGVの扉を開けて商品を収容してセットします。今回の仕様ではUGVの最も大きな扉4つにそれぞれ商品を収容できます。それぞれの扉は、スマホアプリから利用客ごとに通知された暗証番号を入力することで開けられるしくみになっています（複数の注文でも別の扉に商品をセットすることで同時に配達することができる）。

楽天のスタッフが商品をUGVにセットし、「発車」ボタンを押すと、UGVが配送ルートを計算してやがてスタートします。

自動運搬車（UGV）による実際の配達の様子

UGVが受け取り場所に近づくと利用客のスマホに通知されるので、利用客は指定した受け取り場所で暗証番号を入力し、該当する商品が収容された扉が開く。

利用客が商品を受け取り、完了ボタンを押すと、UGVは次の受け取り場所へと向かう。

◆UGVが公道を走れるようになるために

楽天は「残念ながら、現在はまだ道交法などの関係で、このUGVが公道をどこでも走れるという状況ではない。すぐ隣の西友からこの公園に入るために公道を横切ることもできない。本来ならスタート地点を西友の中に設定して公園まで配達したかったが、現在はまだそれすらできない。ただ、私たちはこの配送サービスを実施して課題を発見し、実績を積むことで、今後なにをすればUGVが公道を走ることができるようになるかを検証し、政府などに働きかけていきたい」と話しました。

西友は「配送分野ではドライバー不足や高齢化など、多くの現実的な課題を抱えている。その解決には自動化・無人化が重要であり、今回の取り組みは将来に向けて意義深いと考えている。もともと、この季節には、うみかぜ公園に訪れる多くのお客様に西友で買い物をしていただいているが、今回はUGVが届けてくれるという新しい体験をしていただき、エンターテインメント性と少し先の未来を感じていただければ嬉しい」としました。

デモ公開時には「配送料金300円は高いのではないか」「ビジネスとして成り立つのか」といった質問が出席したマスコミからなされました。しかし、要点はそこではありません。楽天は「300円という金額に意味はない。会社にとってみれば無料実施しても構わない。しかし、代金を支払ってでも体験してみよう、利用してみたいと思っていただけるかどうかに意味がある」と答えました。

この配送サービスもドローンと同様、現状では事業としてみれば採算がとれるものではありません。しかし、自動運搬車による自動配送という未知の挑戦に対して、区切られた敷地内であっても、商用サービスとしてとにかく始めてみる、ということに大きな意義を感じました。

海沿いの道（公園の敷地内）を自律で走る楽天 UGV

海の向こうに猿島が見える。取材したこの日も商品を乗せた配送用ドローンが離陸し、猿島に向けて飛んで行った。

自動運転バスの公道走行

路線バスや乗り合いバスは地域の公共交通機関のひとつとして重要な位置づけにあり、特定の企業やイベントで利用されるシャトルバスや巡回バスなども利用者にとってはとても重要な交通機関です。しかし、バス会社の運営はとても厳しい状況にあり、大きな変革が望まれています。

4-1

バス会社が抱える課題

路線バスは地域にとって重要な交通手段ではあるものの、バス会社としての運営はとても困難な状況にあります。

都市部においては、高齢化と人口減による運転士、スタッフ不足が深刻化しはじめています。バスを運行する資金力はあっても、労働者不足を背景にドライバーが足りず、十分な運営ができない、バスの本数が増やせなかったり路線を減らしたりする状況が一部の地域で発生しています。

無人運転バスの希望と課題

地方や一部の過疎地域では、人口減による利用者の落ち込みからバス会社の運営が厳しくなっています。町や村の人口が減って利用者が少なくなれば、バスの運行本数は減っていきます。運行本数が減れば利便性が低下し、さらに利用者が減るという負のスパイラルに陥ります。

決められたコースを定時刻で運行する路線バスのしくみ自体は無人の自動運転に向いていると言えます。**自動運転バス**が実現すれば、多くのメリットが生まれます。そのため、自動運転バスの実現を多くのバス会社が強く望んでいます。

無人運転バスが導入されれば、運転士不足の課題、負担になる人件費の課題が解消の方向に向かいます。運行コストが安くなれば、本数も増やすことができるでしょう。本数が増えれば利便性が上がります。駅やショッピングモール、スタジアム、イベント会場や映画館など、人が多く集まる場所と、自宅や集合住宅を結ぶ路線バスの導入が進めば地域の活性化にもつながり、活気が戻るでしょう。

しかし一方で、自動運転バスの実現には技術的な面以外でも「実は課題も多い」と関係者は言います。現時点では自動運転バスの車両代金が高額のため、それを購入したうえで、相場の範囲内の適正で公共的な運賃で運営していくのは厳しいのではないか、という意見も多いのです。そのため、運賃収入以外のビジネスモデルを開拓する必要があるという見方も出ています。

こうした課題はいったん措いておいて、実現するためのステップを考えてみましょう。

自動運転を実用化するために最も重要なことは「安全性」です。きわめて安全に運行できなければ、どんなにローコストで効率的であっても、どんなに利便性が高くても実現することはできません。

◆環境面の整備が不可欠

安全に走行する上で重要なのは整備された「**環境**」です。例えば、ほかのクルマや歩行者、自転車が通行していないバス専用道路「**BRT**」(Bus Rapid Transit、バス・ラピッド・トランジット)であれば、自動運転バスが走行しても、想定外の事故が発生する確率は大きく下がることは容易に想像できると思います。有人のBRTは既に東北を中心に実現されていて、ここに自動運転バスを走行させる実証実験も開始されています。

有人運転のBRTのバス乗り場の例

鉄道の駅に隣接し、鉄道より中距離、少人数の輸送に適している。BRTでの無人運転の実証実験は既にはじまっている(写真は鉄道のホームから撮影)。

バス専用道路や自動車専用道路など、構造化された道路での運行が、自動運転車の実用化には最も近い環境と言えます。**構造化**というのは「ルール付けされた」という意味です。その意味では公道ではなく敷地内では、敷地の所有者が交通のルールを作ることができるので最適だといえます。大学などの広大な敷地のキャンパス、ゴルフ場、リゾート施設などでは、自動運転バスの運行ルートを決めて、そのルートでは人や自転車は通行を制限したり、横断歩道だけ渡ってよいというルールにしたりすれば、実用化は一気に早まるでしょう。大きなショッピングモールやイベント会場内での運行、空港と駐車場のシャトル運行など、利用範囲は少なくないはずです。

◆動き出す自動運転バス

全日空（ANA）は、羽田空港地域の公道で2018年に、ドライバーのいない自動運転バスの実証実験を行い、報道陣に公開しました（詳細は後述）。自動運転バスについては空港内、滑走路近くでの運行も視野に入れています。このように限られた区域内での自動運転バスの実証実験はすでに積極的にはじめられています。

沖縄県名護市の「カヌチャリゾート」では、日没後のリゾート内のゴルフ場で、ソニーとヤマハ発動機が共同開発した自動運転車「New Concept Cart SC-1」による「Moonlight Cruise」（ムーンライトクルーズ）の運行を2019年11月より開始しました。敷地内なので交通を制限できて安全性が高いため、実現を早められたといえるでしょう。

この車両にはガラス窓がありません。代わりに窓として車両の外を映し出すことができるディスプレイが搭載されています。更にこの窓には最新の映像技術によって、車窓の景色に他の映像やCGを合わせて表示することができます。例えば、窓の外の空に巨大なクジラが飛んでいる……などです。ソニーらしく、単なるモビリティではなくエンターテインメント的な要素を実現しているのです。

またクルマの外から見たときに、車窓全面に広告を表示することができます。これによって歩行者などに商用広告や地域のイベント等の告知ができるしくみになっています。

なお、2020年1月に行われた「DOCOMO Open House 2020」では、会場からの遠隔操作で札幌にあるSC-1を動かすデモが公開されました。NTTドコモの5G技術が関連するもので、5Gの低遅延性が自動運転車の遠隔操作に大きく貢献することが期待されています。

一般公道に話を戻しましょう。一般公道でいえば都内の混雑した道路より、地方や過疎地域の公道のほうが「環境面」では自動運転車向きです。地方や過疎地域の公道には一般の自動車の交通量が少なく、歩行者もわずかな道路も少なくありません。

都市部の道路は車両や歩行者が多いことに加えて、路上駐車が多いことも自動運転の実現に向けて大きな障害となります。路駐が多ければ想定外の事故がおこりやすいのです。このような環境面においても、道路側の規制を行うことで自動運転については実用化を加速することができます（**公道**とは、一般車両の進入を制限して専用空間にしていない道路を指します）。

4-2
羽田空港での自動運転バス実証実験

2018年2月､全日空（ANA）グループとSBドライブ（ソフトバンクグループ）は共同で、空港における自動運転バスの導入に向けた実証実験を行っていることを発表しました。この実験には国と東京都が共同で設置した｢東京自動走行ワンストップセンター」が協力しています。

全日空とSBドライブが自動化を推進

この実証実験を記念して、羽田空港新整備場地区内のANA機体メンテナンスセンターでの式典（セレモニー）と､レベル3の実験車両の報道関係者向け試乗会､｢レベル4相当」の無人運転（報道関係者の搭乗なし）が行われました。

全日空では2020年に羽田空港エリアでの自動運転バスの実用化を目指していること、それまで安全を確保しながらSBドライブと共同の実証実験を経て、段階的にレベルアップをはかっていくことが、式典で語られました。

自動運転の実証実験が行われたのは、羽田空港地域の一般公道です。ただ、一般公道といっても交通量は多くありません。実証実験が行われたのは、自動運転バスの「レベル3」と「レベル4」に対応した車両です。「**レベル3**」はドライバーが座って自動運転をサポートし、いつでも自動運転からドライバーに運転をスイッチできる方式です。「**レベル4**」は、定められた範囲内（敷地内）での完全自動運転です。このときの実証実験では報道陣を乗せて「レベル3」と、報道陣を乗せずにドライバーも座らない｢レベル4相当｣の実証実験が行われました。ここでの｢レベル4相当」は、交通規制をかけない公道ではあるものの、原則として決められた範囲（決められたコース）を、運転席が無人の状態で自動走行することを示しています。

レベル3の試乗会は、報道陣がバスに搭乗して、運転手付きで走行が行われました。全長は1周約2.3kmで、オーバルコースに近いシンプルな形状の公道を最高時速30kmで走行しました。運転席にはドライバーが座っているものの、手はハンドルに添える程度。ほぼ自動運転で行われました。

ドライバーが乗らない「レベル4相当」の実験では、万が一に備えて報道陣の同乗はありませんでした。スタッフがひとり、運転席以外に搭乗したものの、全長1周1.4kmの半周をドライバーなしで走行しました。

羽田空港での自動運転バス実証実験

羽田空港近くの公道。奥は格納庫に通じている。

公道を走る「レベル4相当」の自動運転バス。ドライバーは乗っていない。

報道陣の前のカーブを曲がる自動運転バス。

◆主な実施内容

実証実験の主な実施内容は、次のとおりです（報道向け資料より）。

▼＜自動運転レベル３（※１）＞

- 公道でのレベル３の実証実験（正着制御や障害物回避などを含む）
- 制御技術やセンシング技術の高度化に向けたAI（人工知能）技術の活用可能性の検証
- 加減速制御の活用による車内転倒事故の減少、乗り心地改善に係る検証

▼＜自動運転レベル４（※２）相当＞

- 交通規制をかけない公道で、かつ運転席が無人の状態でのレベル４相当の実証実験（※３）
- 遠隔運行管理システム「Dispatcher」を使用した遠隔操作の検証

▼補足

※１　SAE Internationalの定義（J3016）による自動運転レベル３
　自動運転システムが全ての運転タスクを実施（限定領域内）。作動継続が困難な場合の運転者は、システムの介入要求等に対して、適切に応答することが期待される（出典　官民ITS構想・ロードマップ2017）。
※２　SAE Internationalの定義（J3016）による自動運転レベル４
　自動運転システムが全ての運転タスクを実施（限定領域内）。作動継続が困難な場合、利用者が応答することは期待されない（出典　官民ITS構想・ロードマップ2017）。
※３「レベル４相当」の実証実験は、国土交通省との協議の上、関東運輸局の基準緩和措置を受けた車両を使用し、警察庁の遠隔型自動運転システムの公道実証実験に係る道路使用許可の申請に対する取り扱いの基準にのっとって実施します。

ANA実証実験の自動運転バス検証車両

　このときの自動運転バスは、日野自動車製のポンチョ型のバスを改造したもの。改造は、SBドライブと提携している先進モビリティがおこなっています。自動運転システムや技術については別項目で詳しく紹介しますが、このときの車両が自動運転用に装備していた機器や技術は、次のとおりです。

日野ポンチョを改造した実験用車両

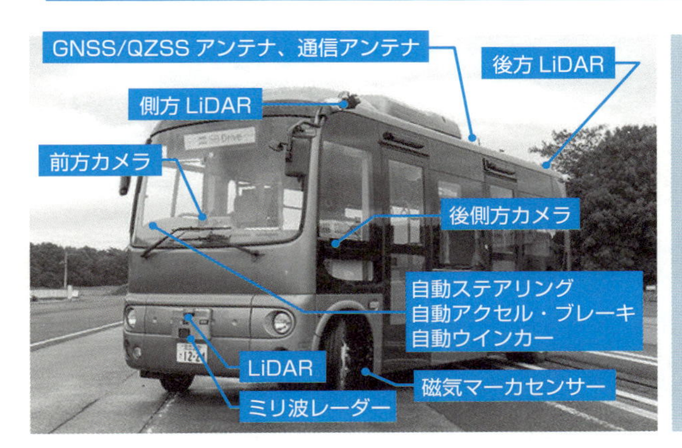

車線維持制御
・GNSS（GPS）、QZSS
・磁気マーカ

速度維持制御
・信号情報の活用
・ACC、PCS 機能

障害物回避制御
・AI・高精度地図の活用

車線変更制御

バス停正着制御

先進モビリティが開発している自動運転実験用車両。LiDARや様々なセンサーが取り付けられている。

GPSなどで知られる「全球測位衛星システム」（**GNSS**：Global Navigation Satellite System）を搭載し、自車位置を把握します。また、**QZSS**（Quasi-Zenith Satellite System、**準天頂衛星システム**）の「みちびき」にも対応しているので、将来的には約15cm級の精度で位置推定ができます。

また、**磁気マーカー**で決められたコースで高精度の位置どりをしたり、バス停等にぴたりと停車したりするために重要な技術も搭載されています（このときの実証実験では使用せず）。また、**ACC**というのは「アダプティブ・クルーズ・コントロール」の略称で、ミリ波レーダーを使い、先行車両との距離を測定して、車間距離を維持しながら自動で加減速を行う機能のことです。

遠隔運行管理システム「Dispatcher」（ディスパッチャー）

自動運転バスの運行には自社で開発している**遠隔運行管理システム**が運用されていて、これも大きな特徴のひとつになっています。このときの自動運転バスの実証実験では、大型免許保有者がバスを遠隔監視した状態で、安全におこなわれていたわけです。

遠隔運行管理システムは「Dispatcher」（ディスパッチャー）と呼ばれ、運転手の代わりに目となって、車内外の安全を把握します。バスの場合、ドライバーは道路やほかのクルマなど、運転に必要なバスの周辺状況の安全を監視するだけでなく、車内の乗客の安全管理も重要な仕事です。乗客はちゃんと着席しているか、走行中に立ち歩いて危険な状態になっていないか、転倒していないか、などの安全監視を行っています。これを遠隔から行うシステムが「Dispatcher」です。

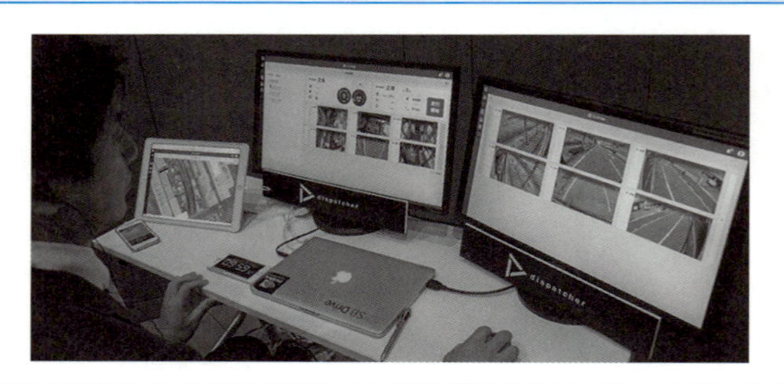

走行中のバスの周囲の画像、速度、故障の有無などを遠隔から監視することができる。また、車内の安全監視も重要な任務だ。

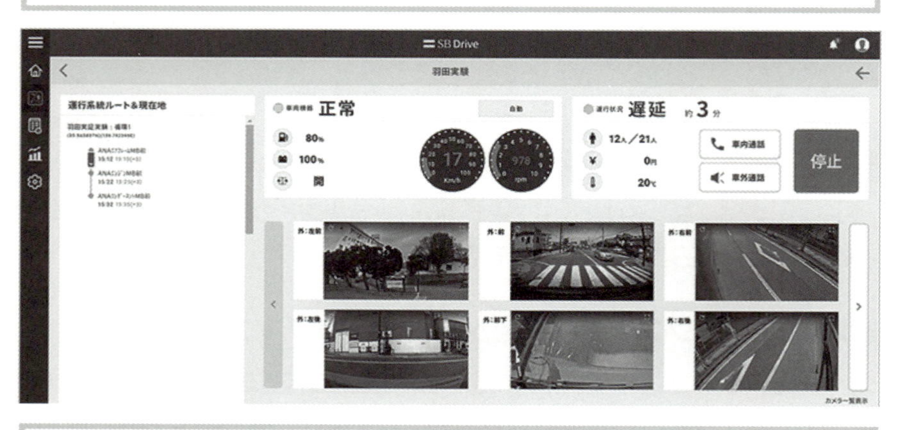

「Dispatcher」の操作画面イメージ（画面デザインは当時のもの）

自動運転が将来、実用化されたとき、基本的にはドライバーに代わってシステムがクルマを操縦しますが、不測の事態や想定外のトラブルなど、人間による判断や遠隔操作が必要な局面も出てくることが予想されます。

また、車内の安全についても、原則としてはAIがカメラ画像から著しく移動した乗客を検知するなど安全の監視を行いますが、AIだけで対応できないことも出てきます。そんなときは人間が映像から判断し、臨機応変に対応していくことが求められます。「Dispatcher」では、監視するスタッフが無線とマイクを通じて、バスの車内に呼びかけ、車内を立ち歩く人に注意を促したり、転倒した人に声掛けをおこなったりと、遠隔監視システムならではでの、スタッフによる対応が可能となっています。

遠隔操作のシステム構成図（実証実験当時）

▼「Dispatcher」の主な機能

- 複数台の車両ごとの運行管理
- 車外・社内の映像モニタリング
- 遠隔操作機能
- 緊急通話機能

羽田空港で自動運転EVバスの2020年内運用をめざす

全日本空輸（ANA）やSBドライブ、先進モビリティ、ビーワイディージャパンは、東京国際空港（羽田空港）で大型自動運転バスの実証実験を行い、遠隔監視などで協力することを発表しています（期間は2020年1月22日から31日まで）。

2020年内に一般の利用客や空港職員がターミナル内の移動手段として利用したい意向です。自動運転のレベルは3（システムの介入要求等に対してドライバーが適切に対応するレベル）で、空港制限区域内での人を乗せての試験運用開始を目指しています。57人乗り大型EVバス「K9RA」をベースに、先進モビリティが改造した自動運転バスを使用し、実証実験では技術面・運用面の具体的な課題の抽出を行いました。

4-3

小田急が江の島の公道で実証実験

「この１年間でとても進化したことを実感しました。自動運転バスの車両本体だけでなく、今回は信号など社外のインフラが連携してサポートするようになって、より安全性が高まった実感があります」――自動運転バスから降りた神奈川県の黒岩知事はそう語りました。

１年ぶりに江の島の公道を走る自動運転バスは、コース上にある５つの信号機すべてと連携し、さらには交差点センサーとも連携して、右折も自動で行えるという急激な進化を遂げていました。

2018年９月、江ノ島の公道を自動運転バスが初走行

小田急電鉄と江ノ島電鉄が、神奈川県と連携して江の島周辺の公道において、自動運転バスの実証実験を最初に実施したのは、2018年９月のことでした。自動運転バスは先進モビリティによって開発されている車両を使いました。

実証実験の開始にあたっては、江ノ島にある小田急ヨットクラブで式典が行われ、神奈川県知事の黒岩氏や藤沢市長の鈴木氏、小田急電鉄の星野氏、江ノ電の楢井氏、SBドライブの佐治氏らによるテープカット式典も行われました。

このときの実証実験は、江ノ島で開催された「セーリングワールドカップシリーズ 江ノ島大会」に合わせたもので、大会開催中一週間、小田急線の片瀬江ノ島駅周辺の「江ノ島海岸バス停」～「小田急ヨットクラブ」を自動運転バス（ドライバーは搭乗）が往復運行する（徒歩で片道約15分の距離）もの。自動運転バスが公道を走行するのは「観光地」としては初めてと表現されました。一般の人も乗車することができ、450名の一般乗車の公募をしましたが約24時間で満席となり、世間の関心の高さを示しました。

式典では黒岩氏と星野氏がコメントを発表した後、実際に自動運転バスに乗車してコースを一周。バスを降りた後、黒岩氏と鈴木氏は記念撮影を行い、電動車椅子型のモビリティ「WHILL」（ウィル）を乗車体験し、報道陣が待つ記者会見場

へと向かうというパフォーマンスも行いました。

江ノ島の公道実験

江ノ島の公道実験で使われた自動運転バス。

モビリティ・ロボ「WHILL」を操作して記者会見場へ（左・黒岩知事、右・鈴木市長）。操作がとても簡単な電動モビリティ。前輪がオムニホイール式で小回りがきくほか、スマホでの遠隔操作等にも対応している。

2020年に「レベル4」の自動運転を実現させたい

神奈川県の黒岩知事は、報道関係者から「乗車した感想」を聞かれると、「非常にスムーズな走りでした。ドライバー席を見ると運転手さんが手を放していることがわかったが、それを見ていなければ乗り心地は普通のバスとまったく変わらず、自動運転とは気付かなかったでしょう。また、運転だけでなく、車内の乗客の安全性にも配慮されている点に感心しました。バスの走行中に席を立ち上がったら、それを検知して『立ち上がらないでください』と自動でアナウンスされました。しかも、その車内の様子を遠隔地からちゃんと見ていて走行が管理されているということです。

神奈川県は、さがみロボット産業特区として新しいロボットを誕生させてきました。自動走行システムもロボット技術のひとつで、ロボットタクシーやロボネコヤマトの取り組みを行ってきました。また、神奈川県は確か5年前に世界に先駆けて高速道路で実証実験を行いました。今や自動運転は世界の潮流になっています。次の大きな目標は2020年の東京オリンピックで『レベル4』の自動運転を、ここ江ノ島で実現したい、そう考えています」と力強く語りました。

江ノ島ヨットクラブの前を走る自動運転バス

今回の実証実験では、公道であるため、安全を考慮して小田急バスのプロのドライバーが運転席に着座し、一部の区間を除いて「レベル3」で自動運転を行いました。例えば、信号機のない横断歩道、交差点の右左折といった一部の安全確

認区間は手動で対応しました。

また、いざというときは運転手が手動操作に切り替えて運転しました。

信号機のない横断歩道は最も注意を必要とする箇所ですが、それ以外の課題は**路上駐車**です。道路幅が充分に広くないこともあり、路上駐車によって見通しが制限され、歩行者や自転車の飛びだしに反応しなければならない時間は、極端に短くする必要があると考えられます。その意味で、このときの実証実験では、路上駐車のある場所ではドライバーが常に運転を引き継ぎ、横断歩道では必ず一時停止し、横断者がいない、または渡り終えたことを目視で確認してから発車する（そこからまた自動運転）安全性第一の運転が実施されました。

また、SBドライブではお馴染みの遠隔監視システム技術「Dispatcher」や、車内の乗客の安全を監視するシステムなどが、ここでも運行に重要な役割を果たしています。

小田急電鉄では、小田急沿線で生産人口の減少が進み、2025年以降は自動車の保有人口も減ると見ています。交通弱者が増加する反面、バスのドライバーの充分な雇用の確保も難しくなるでしょう。同社は「日本を代表する観光地での実装を通して、自動運転バスの社会受容性を高める」とし、2020年にはここ江ノ島で「レベル4」の自動運転バスを実現したいと考えを述べました。

2019年は信号機協調を実現、自動運転で左折も

初めての実証実験から約1年が経過した2019年8月、江の島周辺の公道に自動運転バスが進化して帰ってきました。1年前と同様、実施したのは小田急電鉄、小田急グループの江ノ島電鉄（江ノ電）、ソフトバンクグループのSBドライブで、神奈川県と連携する「神奈川県ロボット共生社会推進事業」のひとつとして行われました。

また、2019年は、自動運転バスのシステムと公道の信号機が通信によって連携しました。それらのシステムの実現には、コイト電工とIHIが参加しています（一般の試乗モニターは5日間）。

江ノ島水族館前を走る自動運バス

2019年の実験は、信号機との協調システムの導入を実現した。

◆バス停の正着制御

2018年と比較すると、走行する距離が約2倍の片道約2kmに延伸され、コース上には江の島水族館前のバス停で停車しての乗り降りが追加されました。自動運転でバス停の正しい位置に停車するため「**正着制御**」技術が導入されました。バスは、バス停に離れすぎないよう正しい位置に停車する必要があるからです。今回は身障者やベビーカーを押した乗客の対応も視野に入れているため、なおのこと「正着制御」が必要となのです。もちろんこれはLiDAR等のセンサーを使って行われて、同社は従来からバス停の縁石までの距離、約10cm以下で正着する技術を持っています。

江ノ島水族館前に正着制御で停車する自動運転バス

◆すべての信号と協調、右折も可能

　なによりも大きい技術的な進化は、自動運転システムと信号機が通信で連携する「**信号協調**」が導入されたことです。これはスマートシティのひとつである、信号機や街灯などが自動車と通信連携することで安全性を向上させる技術のひとつです。

　試乗コース上にある５つすべての信号機の情報がバスの運行システムに通知され、システムは現在、赤・黄・青のいずれの状態であるか、次の信号はあと何秒で変わるのかを把握しています。これによって、視界が悪い天候であっても正確に信号の状態がわかるだけでなく、急に信号が変わったことによる急ブレーキを防止することにつながり、自動運転の安全性をより高めています。

2019年の巡回コース

自動運転バス実証実験　試乗内容

①県立湘南海岸公園中部バス駐車場
⇒⑧湘南港桟橋バス停⇒③江ノ島水族館前バス停

	場所	内容
①	県立湘南海岸公園 中部バス駐車場	・試乗開始 ・乗車時の本人確認体験
②	片瀬海岸地下駐車場 入口交差点	・信号協調
③	江ノ島水族館前 バス停	・正着制御 ・ベビーカーの乗降 ・試乗終了（復路のみ）
④	片瀬海岸二丁目 交差点	・信号協調 （押しボタン式）
⑤	片瀬江ノ島駅 入口交差点	・信号協調
⑥	江ノ島入口 交差点	・信号協調 ・交差点センサー（※）
⑦	かながわ女性 センターバス亭	・遠隔監視システム 体験（往路のみ）
⑧	湘南港桟橋バス停	・正着制御

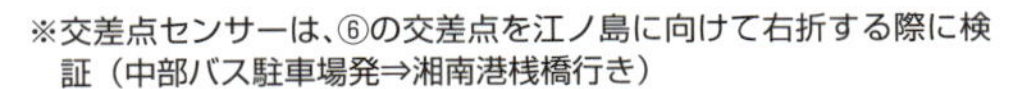
※交差点センサーは、⑥の交差点を江ノ島に向けて右折する際に検証（中部バス駐車場発⇒湘南港桟橋行き）

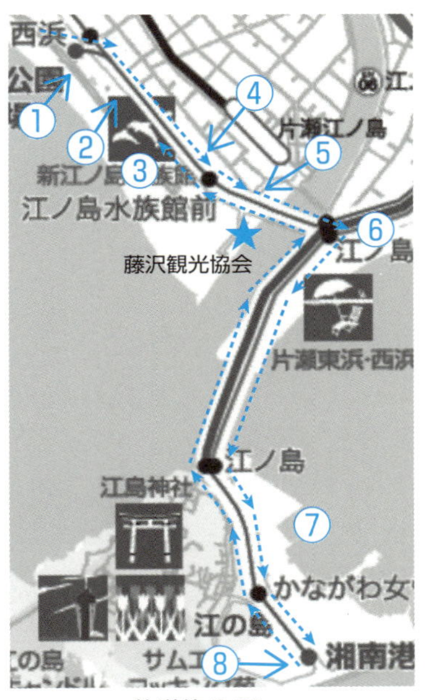

片道約 2.0km

自動運転バスの試乗コースは片道約2km。5つの信号機すべてと協調している。バス停は2か所。いずれも「正着制御」によってバスは自動で正しい停車位置にとまる。もうひとつ大きな見どころは6の右折交差点。対向車を自動で確認して右折する。

出典　小田急電鉄

さらに、もうひとつ信号機と連携する上で重要な進化がありました。交差点での「**右折**」は、人が運転する上でも最も注意を払う運転操作のひとつです。それを今回は自動化しています。これは右折する交差点の高い位置に**交差点センサー**として三次元レーザーレーダー「**3DLR**」を設置し、常時対向車を検知するシステムです。対向車がいない、来ない状況を判断したうえで、バスが自動で右折するシステムになっています。

交差点⑥に設置された三次元レーザーレーダー「3DLR」（交差点センサー）

対向車を検知し、江ノ島側への右折をサポートする（写真奥が江の島）。

信号協調（左）と交差点センサーのしくみ

技術検証

インフラ協調により車両を制御

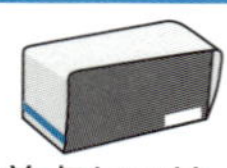

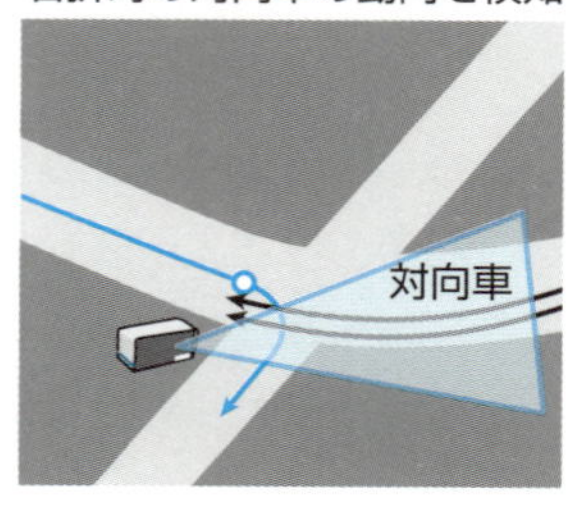

信号協調はコイト電工、交差点センサーはIHIが技術協力している。

出典　小田急電鉄

◆スマホ画面で乗車スタンプ

2019年の実証実験では、サービス面での新たな取り組みや検証も行われました。乗車時の「**本人確認システム**」と車いすなどの「**乗降補助**」です。

「本人確認システム」は、自動運転バスの試乗を事前予約した人を、スマホのアプリを使って乗車時に確認するしくみです。また、面白いのはデジタルスタンプを導入していること。実際のスタンプのような形状のものをスマホの画面に押し当てると画面上に江ノ電のスタンプアイコンが捺印されたように表示されます。スタンプが曲がって画面に押されれば、アイコンもリアルに曲がります。自動運転バスではドライバーだけでなく車掌もいないことが目標なので、発券システムと搭乗の自動化も、考えてゆかなければならない重要なテーマです。

本人確認システム

「本人確認システム」は、予約した本人かを確認するシステムだが、公共交通らしいチケット風のサービスも実験導入された。

◆車いすやベビーカーの乗降補助

乗降補助は、障がい者や高齢者、子供連れなど、車いすやベビーカーでの乗車を想定した実証実験です。コース途中に設定されているバス停で、スタッフが補助して車いすやベビーカーで乗降をサポートする実証実験も行われました。

乗降補助

実証実験を通じて、車掌の必要性や、どうすれば乗客だけで乗降できるかを考察していく。

◆遠隔監視（車内外）

2019年も、車内外の安全を遠隔から監視する「Dispatcher」（ディスパッチャー）の運用が行われました。バスのドライバーは車内外の安全を確認しながらバスを運行していますが、「Dispatcher」は**遠隔監視**によってそれを実現します。

遠隔監視システムでは、バス車両の現在位置や車速などの「走行情報」がわかるほか、車両の一部の部品が故障した場合なども把握することができ、万が一のときはバスを遠隔から操作（運転）する機能もあります。車内の複数のカメラ映像を受信するAIシステムと監視スタッフが監視するしくみです。バスの車内で立ち上がったり、転倒したりしている人など、カメラ映像に異常を検知すると、AIがスタッフに通知します。スタッフは遠隔から車内の乗客に問いかけたり、会話したりすることで緊急時の対応につなげることができます。

遠隔監視システム

自動運転実用化に必要な2つの安全

先進モビリティ

A. 走行安全

- 交通事故の防止
- 車両状態監視
- インフラ協調など

&

SBドライブ

B. 乗客安全

- 車内事故の防止
- 乗客案内
- トラブル対応など

「Dispatcher」の監視は車外と運転だけでなく、車内の安全を確保したり、声掛けを行ったりすることにつなげる。

出典　SBドライブ

実証実験における遠隔監視①

実証実験では、藤沢市観光センターに設置した「Dispatcher」で車内の様子や、バスの走行状況を遠隔監視した。

「Dispatcher」による監視状況の一部はバス車内でも確認できる。写真は2018年のもの。2019年版は次の信号機があと何秒後に変わるか、などの情報も表示される。

実証実験における遠隔監視②

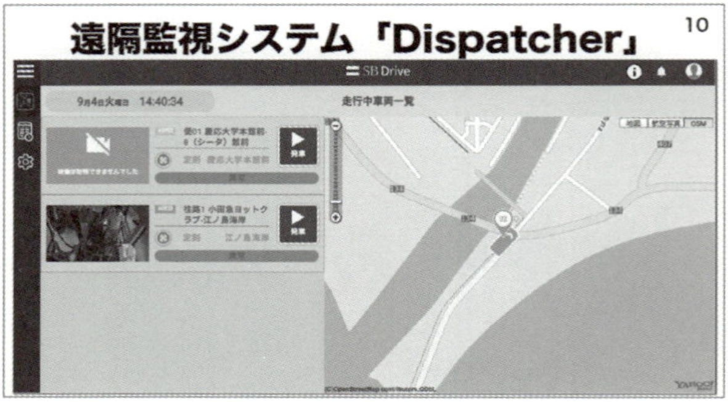

遠隔監視システム「Dispatcher」

「Dispatcher」の画面（2018年版）。

今後の展開と課題

小田急電鉄によれば、2019年の実証実験は車掌を配置し、運転士との計２名以上での運行を行うとのことでした。乗車時の自動化（本人確認システム）や乗降補助に関しても、運転士がいない将来の自動運転バス環境の実現を想定して、車掌スタッフが必要か、どこに何人が必要か等を検証していくとしています。

筆者は、2019年も江ノ島の公道実験に参加して、「条件さえ整えば」無人自動運転バスの実現は近いと感じました。今回の試乗では信号協調と交差点センサーとの連携の実現で、車両が交差する地点もより安全に走行できるようになりました。自動運転が人による運転より安全に走行するために重要な技術です。

走行性能については、バスのスタートと停車も自動、コース上の信号の状況をすべて把握、右左折も自動、バス停には正着制御で正しく停車、となれば、運転士は乗車しているものの、技術的にはほぼ全域で自動運転システムによって走行できていると感じました。

もちろん課題となるのは、不測の事態が発生した場合の対応です。横断歩道のない場所を渡る歩行者、横断歩道があっても信号を無視して渡る歩行者、車道を突然横切る自転車などは安全な自動運転の大きな壁となって相変わらず立ちはだかっています。しかし、裏を返せばそれらの障害は環境側が整備すべきことだともいえます。

2018年は自動運転の運行に路上駐車が大きな課題となっていたことは解説した通りですが、2019年は道路わきにコーンを置いて路上駐車の車両を一掃しました。それにより、運転士による手動運転への切り替えが大幅に減ったのです。

自動運転の障害は路上駐車

2018年の実証実験では、道路わきに路上駐車のクルマであふれていた。

SBドライブの佐治社長はこう話します。

「各地で自動運転バスの実証実験をやっていて感じることですが、住民の方がバスの存在に慣れてくると、関心を持ってくれると同時に注意を払ってくれるようになります。無理な横断をしないなど、環境面での協力があると自動運転バスの実現性は大きく変わっていくでしょう」

地域や街によっては、自動運転バスや安価で気軽に利用できるモビリティの実用化を望む声は、とても大きいのです。BRTなどの「バス専用道」の導入からはじめるのが早そうですが、一般道路でも歩道と車道を安全柵で分けたり、路上駐車を排除したりするなど、町や公共団体が環境面で連携・協力できるかどうかによって、この先の実現性が大きく変わってきそうだと感じました。

4-4

ハンドルのない自動運転バスが都内の公道を実証実験

ソフトバンクの子会社 SB ドライブは、自動運転を前提に設計され、ハンドルやアクセルペダルなど運転装置のないバス「NAVYA ARMA」(ナビヤ アルマ、仏 Navya 社製)などで自動運転の実証実験を重ねてきました。そして 2019 年 7 月、自動運転を公道で行うための特別な認可を受けて、公道を走るナンバープレートを取得し、3 日間にわたって東京・汐留のイタリア街で公道を走る実証実験を行いました。

自動運転バス「NAVYA ARMA」(ナビヤ アルマ)とは

ハンドルのない自動運転バスが公道を走るのは日本では初めての試みです。また、自動運転を前提に設計された車両が公道を走行できるようになったのも、国内では初めてのことだとしています(SBドライブ調べ)。

「NAVYA ARMA」を使った公道走行の実証実験

東京 汐留のイタリア街にて。

もともと、この車両にはハンドルも運転席もありません。しかし、現行の道交法では、運転席や自動車を操作するための機器を社内に設置することが義務づけられています。認可を得てナンバープレートを取得するためには、その基準に合致するように運転席に相当するシートと操作するデバイスが必要です。そのため運転席は客席用の椅子をそのまま流用し、操作するためのコントローラを設置することで、この課題（**自動運転レベル2**）をクリアしました。

ハンドルがないバス「NAVYA ARMA」

この写真は前部。後部もほぼ同様のデザインだ。

ルーフトップ（屋根）に3Dの**LiDAR**、膝の高さとバンパー部に2DのLiDARを搭載しています。前後に同じLiDAR構成で、両側面に各1個のLiDAR、合計8個のLiDARを搭載しています。カメラは使用せず、いわゆる**SLAM**（Simultaneous Localization and Mapping、位置の推定と地図の作成を同時に行う機能）で走行するしくみです。

自動運転以外のときは、コントローラで車両を操縦することができます。運転手はコントローラを持って乗車するものの、実際には、完全な自律運転で基本的には走行していました。

「NAVYA ARMA」の各部

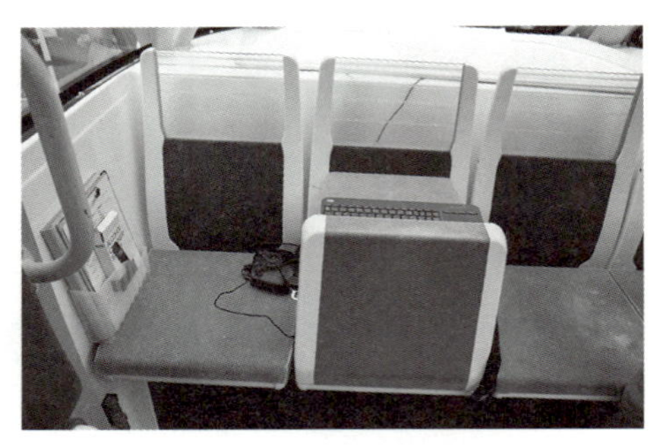

認定を受けるために後部席に設置されたドライバー席とコントローラ。走行中はドライバーとしてスタッフがコントローラを持っているものの、実際には自律走行を行った（緊急時にコントローラを使用して安全を確保する）。

ルーフに3DのLiDAR、フロンドガラス下部にドライブレコーダー用のカメラ（自律走行技術には使用しない）、膝の高さとバンパー下部に2DのLiDARが見える。ナンバープレートを取得し、決められた公道での実証実験が可能になった。

前部シートが後方を見る方向に設置される「対座式」の構成。対座は乗客の会話がしやすいため、地方などでは乗客同士のコミュニケーションの促進につながると評価されている。

　ナンバープレート取得にあたり、ライト（照明）の改善や、タイヤが車両からはみ出さないように改造するなど、日本の交通法規や車両規定に合わせた改造も複数行われたといいます。

運用面では、国土交通省関東運輸局長から道路運送車両の保安基準第55条による**基準緩和認定**を受けました。海外でも同様の緩和認定が積極的に行われており、走行範囲やルート、走行シーン（渋滞しない場所、人通りが激しくない場所等)、気象条件など、決められたルールの中で実証実験を目的として安全に実施することを約束した上で得られる認定となります。

こうしてナンバープレートを取得した上で、次は警察署の許可を得ました。イタリア街の場合は愛宕署に申請しましたが、これもあくまで実証実験のための走行に限られることになります。こうしてさまざまな規制や条件があるものの、ハンドルのない自動運転バスがついに公道を走るという、大きな一歩を踏み出したことは重要で、社会的な意義も大きいと言えるでしょう。

歩行者が多い場所は徐行して走行

試乗してみた感想

バスに乗り込むと、スタッフや運転士から簡単な注意点の説明を受け、早速スタート。バスは駐車場からゆっくりと公道へ出ていきます。時速15km以下で走行するため、乗っていて不安は感じません。ブレーキがかかるときは人間が行うより多少は乱暴に感じるものの、それも不安には感じるほどでもありません。むしろ、危険を察知するためにはある程度メリハリある制動の方が安心するくらいでした。

公道なので、対向車や歩行者が周囲に通行していましたが、歩行者が近付いたときは十分に速度を落として安全を確保していました。走行の途中で配送業者のトラックが路上駐車をして荷下ろしをしていましたが、ゆっくりで時間がかかるものの、車線変更してうまくパスしました。そのほか、低速走行のためタクシーなどが追い越す動作を見せていましたが、もちろん事故なく走行実験は行われていました。

また、要所要所では運転士が操作画面の「OK」ボタンを押すことで走行の再スタートを指示しているようでしたが、全体時にとてもスムーズで、特に地方の交通量の少ない道路で決まったルートを巡回するにはすぐにでも活用できそうだと感じました。

SBドライブの佐治社長は、今後「ドライバーの高齢化やバスの運行が減るなど、日常的な交通の足に不便を感じている地方や過疎地域が多い。また、都心部でも少子高齢化によってバスのニーズは高まるだろう。一般の人が安くて日常的に使える足として利用してもらえる自動運転バスの実現を早期に目指す」と話しています。

高齢者ドライバーの事故が問題になっています。過疎地域では運行バス会社の採算性の都合から路線バスの減少も見られます。少子高齢化社会を迎え、こうした課題を解決できるのが自動運転バスです。

しかし、そこには安全へのエビデンスが必要です。今回の実証実験は公道でエビデンスを積み上げるための、価値ある第一歩を踏み出したと言えるでしょう。

ついに自動運転バスが公道で定常運行

2020年1月、ついにハンドルのない自動運転バスが公道で定常運行することが発表されました。自治体による定常運行の実施は2020年4月からで日本では初めてのことです。走行する場所は茨城県境町、自治体が行います。技術的にはSBドライブ、マクニカが連携します。大半の区間は自動で走行しますが、運転士(中型免許所持のSBドライブのスタッフ）と補助員の2人が同乗します。現行の法律では運転士を配置せざるを得ない状況で、法律的には「レベル2」となりますが、実質的には「レベル4」を想定した運用になります。

車輌は仏ナビヤ社の「NAVYA ARMA」を3台使用します（車輌はスタッフを含め11人乗り）。境町は予算を5年間で5億2千万円計上し、あわせて国への補助金の申請も行っています。

境町は人口約2万4千人で、東京や成田から1時間圏内です。町内に鉄道の駅はありません。運行ルートは町内の医療施設や郵便局、学校、銀行などを結ぶ往復約5km。乗車賃は無料です（白ナンバーで運行）。

一般公道で自動運転バスをソフトランディングさせることになります。

ちなみにルート内には7基の信号や横断歩道がありますが、自律走行バスは信号機と通信する「**信号協調**」を行い、信号がいま何色か、何秒後に変わるか等の情報を走行中に取得します。

4-5

ソニーとヤマハ発が共同開発した エンタメ・モビリティが営業運行

2019年11月、沖縄のカヌチャベイリゾートと東南植物楽園で、ソニーとヤマハ発動機が共同開発した遠隔操作可能な運転車「SC-1」が営業運行を開始しました。敷地内のため公道よりいち早く実用化に踏み出すことができました。また、この遠隔操作可能な運転車の特徴は無人運転技術だけではなく、映像技術を駆使して走るエンターテインメント・モビリティを実現していることにあります。

ソニーとヤマハ発が共同開発した「SC-1」

ソニーとヤマハ発動機が共同開発し、沖縄のカヌチャベイリゾートに本格導入した「SC-1」。新たな映像体験も提供する。

ソニーのニューコンセプトカート登場

遡ること、2017年10月、ソニーは乗員が操作して運転するのに加えて、クラウドを介して遠隔からも操作(操縦)して走行できる「New Concept Cart」(ニューコンセプトカート)を発表しました。車種名は「SC-1」です。既に学校法人沖縄科学技術大学院大学学園(OIST)のキャンパスにおいて実証実験を行っていました。ソニーは当時、急速に進めている「**AI×ロボティクス**」の取り組みの一環だと説明していました。

New Concept Cart（ニューコンセプトカート）「SC-1」

発表時は、ソニーがモビリティ開発に参入したことが大きなニュースとなった。

◆イメージセンサーと高解像度ディスプレイ

実は、このモビリティには従来のようなガラス窓がありません。ガラス窓の代わりに室内や車体側面には高精細ディスプレイが「窓」として装備されています。カメラで捉えた車両の前後左右の様子が映し出されることで、乗客からはあたかも車窓のように見えるのです。

カメラとして人の視覚能力を超えるイメージセンサーを車両の前後左右に搭載し、360度全ての方向にフォーカスが合わされた映像で周囲の環境を把握すると同時に、搭載したイメージセンサーの超高感度な特性と、内部に設置された高解像度ディスプレイにより、乗員が夜間でもヘッドライトなしに視認できる機構を採用しています。

すなわち、車体内部から外を直接見るガラスは必要がないという考え方です。逆に車体の外からも社内が見られる窓は必要ありません。高精細ディスプレイを窓として配置し、車両の周囲にいる人に対して、映像や画像、文字等を映し出すことで、この車両が何を目的としたモビリティなのか、どこに向かうのか、あるいは広告映像などを表示することができます。さらにイメージセンサーで得られた映像をAI（人工知能）で解析することで、発信する情報をインタラクティブに変化させることもできます。

この機能により、車両の周囲にいる人の性別・年齢などの属性を判断して、最適な広告や情報が表示可能となるとしています。

◆MR（Mixed Reality:融合現実感）技術を採用

もっともソニーらしい点としては、自社開発した**融合現実感**（Mixed Reality）技術を搭載していることです。乗員がモニターで見る周囲の環境を捉えた映像に、様々なCGを重畳することで、従来の自動車やカートでは景色を見るだけだった車窓が、エンターテインメント空間に変貌します。これは、移動自体を運転や、ただ乗っているだけの時間ではなく、より楽しめるエンタテインメントのための時間に変えていく、ひとつの未来的な流れを象徴するものと言えるでしょう。

他にも、イメージセンサーと共に、超音波センサーと二次元ライダー（LiDAR、レーザー画像検出と測距）を搭載しており、ネットワーク接続されたクラウド側には走行情報が蓄積されたり、ディープラーニング（人工知能の深層学習）で解析した最適な運行アシストとつなげられたりすることができ、車両に搭載した複数のセンサーからの情報をエッジ・コンピューティングで判断し、安全な走行をサポートする、としています。

▼主な仕様（2019年8月時点）

サイズ	（全長×全幅×全高）3135mm×1306mm×1830mm
乗車定員	5名
走行速度	0～19km/h
搭載モニター	車内：49インチ、4K液晶モニター、1台 車外：55インチ、4K液晶モニター、4台
駆動方式	DCモーター
バッテリータイプ	リチウムイオンポリマー電池
ブレーキ方式	油圧式四輪ディスクおよびモーター回生ブレーキ
サスペンション	前・ダブルウィッシュボーン式/後・リンク式
自動運転方式	電磁誘導

ヤマハ発と連携して新たな移動体験を提供

2019年8月、この「SC-1」をソニーとヤマハ発動機が「新たな低速の移動体験の提供を目的としたエンターテインメント用車両」として共同で開発していくことが発表されました。両社は2019年2月、既に述べた沖縄県名護市のカヌチャリゾートにて、日没後のリゾート内のゴルフ場をNew Concept Cart SC-1に乗車して楽しめる「Moonlight Cruise」(ムーンライトクルーズ)を期間限定で開催し、技術開発や顧客ニーズの検証を重ねてきました。

SC-1

ヤマハ発動機がソニーとの共同開発や本格導入を発表した際の「SC-1」の写真。ヤマハはグループ内でゴルフカートなどのモビリティ市場にも高いシェアを持つ。

2019年11月1日より、実サービスの第一弾としてカヌチャベイリゾートと東南植物楽園で「ムーンライトクルーズ」を本格的に開始することを発表しました。日没後にSC-1に乗車して、星空のもと、実世界では体験できない超自然体験を感じることのできるツアーを提供します。

実施するサービス「ムーンライトクルーズ」は、自動運転機能により乗員は「SC-1」車両をコントロールすることなく、超高感度なイメージセンサーと高解像度ディスプレイが映し出す夜間の走行シーンをベースに、融合現実感技術が創り出すエンターテインメントコンテンツを楽しむことができます。また、このサービスでは乗客の感覚を刺激する仕掛けをいくつも用意し、星空のもと、実世界では体験できない超自然体験を感じることができるツアーとなっています。具体的には、より多くのユーザーに楽しんで頂けるよう２種類のコンテンツを用意しており、夜のリゾートをイルカや魚たちが泳ぐ幻想的な風景が広がる感動体験版と、ホラー風の恐怖体験版となっています。

「SC-1」によるクルーズのコンテンツ

車窓の景色にイルカやジンベエザメなどが泳ぐ、ファンタジーな世界が広がる。

車窓の景色にホラー映像を表示することで、車内は恐怖空間へ変貌することも。

ソニーが自動車（EV）を発表

ソニーは2020年１月に米ラスベガスで開催された「CES 2020」において、ソニーらしいコンセプトを持った自動車「VISION-S」を参考展示しました。このクルマはイメージセンサー（カメラ）、超音波センサー、ミリ派レーダーなど33個のセンサーが組み込まれ、ソニー自身が開発したLiDARも搭載しています。特にソニーらしさを出したところはインテリアです。立体音響「360 Reality Audio」スピーカー、横長のパノラミックスクリーンなど、エンタテインメントに特化した機能を装備しています。

おそらく自動運転時代を見据え、新世代の車載センサー類に本格参入するとともに、乗客への新しいエンターテインメント体験を生み出す研究･開発をしていく、という意思のあらわれでしょう。

4-6

ドコモのオンデマンド「AI運行バス」が運行開始

路線バスとタクシーの中間に位置付けられているのが「オンデマンドバス」です。「乗合の大型タクシー」と言った方がピンとくる人も多いかもしれません。現在、最先端の取り組みとしてあるのは、スマホのアプリで乗車場所と目的地を指定すると、乗り合いバスが指定した乗車場所まで迎えに来てくれるシステムです。

自治体でのAI運行バスシステムの本格運行

2019年9月末、鹿児島県肝属郡肝付町（きもつきぐんきもつきちょう）とNTTドコモ九州支社は、ドコモの「AI運行バス」システムを利用した新交通手段として「肝付町おでかけタクシー」の本格運行を開始しました。自治体でのAI運行バスシステム本格運行は全国初の取り組みとなり、本格的な**オンデマンドバス**普及の第一歩になると期待されています。

肝付町とドコモは、今後もICTを活用した様々な取り組みを通じて、住民の更なる利便性向上に取り組んでいくとし、AI運行バスは今後の町の発展を担う新交通手段として地元の期待を背負っています。

ドコモの「AI運行バス」

2018年7月の肝付町（鹿児島）での実証実験の際の写真。

利用者のタイミングで車両配車が可能

ドコモの「AI運行バス」はこれまでの定時の路線型バス等とは異なり、利用者が呼びたいタイミングで専用のスマホアプリ、または電話で予約することで、車両の配車を行うことができるサービスです。少子高齢化や免許返納といった社会課題を背景に、肝付町民の交通手段の確保及び、移動利便性向上による町の活性化を担う新交通として、自宅や公共施設、商業施設等が指定の乗降場所に想定されています。

「AI運行バス」のしくみ

オンデマンドの乗合型交通サービス「AI運行バス」

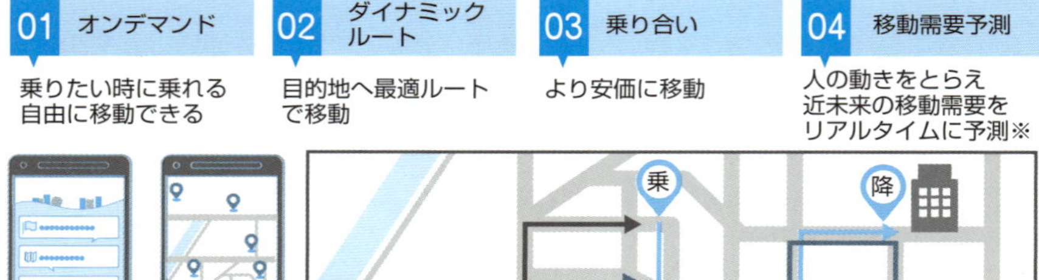

乗客はスマートフォンや
電話から乗車予約

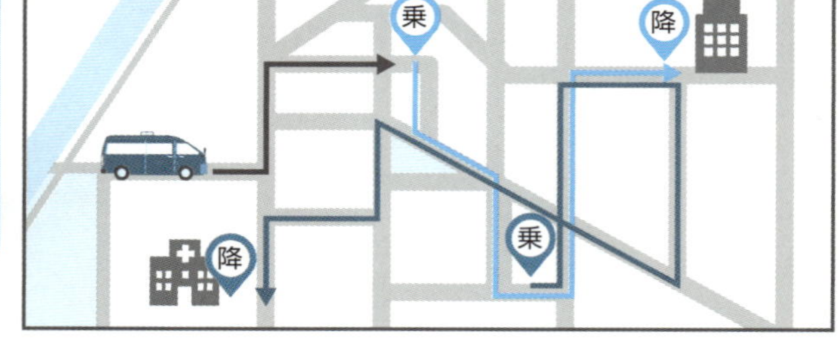

路線や運行ダイヤなどは存在せず、利用者が乗りたい時に
行きたい場所までダイレクトに運んでくれる、新しい移動手段です

※一部機能開発中

乗りたいときに、乗る場所をアプリで指定する。迎えに来てくれたバス（タクシー）は目的地へ最適ルートで向かう。乗合のため、途中で別の顧客からリクエストがあった場合はピックアップすることもある。周囲の人口の動きを捉え、需要をリアルタイムに予測する。

◆対象者は、肝付町の住民とその他利用登録者

本格運行では、事前に登録された自宅を含む、ユーザーが指定した乗降場所間での移動ができます。9時30分～16時（最終予約受付）の間で運行されます。

対象者は鹿児島県肝付町の住民（その他利用登録者）となっています。車両には当初セダン車が４台で運用されます。

配車や予約の流れ

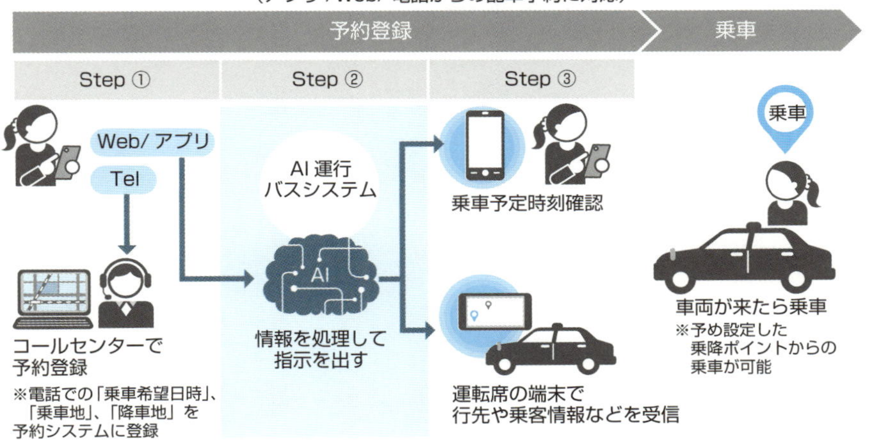

出典　NTT ドコモ

第2部
自動運転社会に向けて加速する最新動向

自動運転タクシー

自動運転の取り組みは、バスだけでなくタクシーでも進められています。

ここでは、世界初の自動運転車による商業タクシーの営業の様子と、タクシーと連携したMaaSの実証実験を見てみましょう。

5-1

世界初の自動運転車商業タクシーは日本から（六本木 - 大手町 /ZMP）

2018 年 8 月、世界初となる自動運転タクシーの公道での「営業」運転が行われました。ZMP と日の丸交通による公道での実証実験で、「移動手段のない交通弱者を交通『楽』者にする」というビジョンに向けての試みです。

実証実験レポート

この時の実証実験では、まだ普通のタクシーのように任意の場所を指定して乗車するのではなく、東京都港区の六本木ヒルズから東京都千代田区の大手町フィナンシャルシティグランキューブの間を運行する固定ルートとなっています。決められたルートであれば、自動運転システムが重点的に学習できるため、より安全に運行できる利点があります。

ZMP と日の丸交通による実証実験

運転手とスタッフがふたり乗車し、危険と判断した区間以外は自動運転で走行する（乗客には自動運転中か手動かが常に明示されている）。

固定ルートという意味では、「タクシーではなくてシャトルバスじゃないか」という意見もあるとは思います。しかし、バスでもタクシーでも呼び方にこだわらず、そこは自動運転が実用化していくプロセスのひとつとして考えるべきでしょう。それよりも、六本木から大手町と言えば、都内の中でも交通量が比較的多い公道です。本当に大丈夫なのか？　という気持ちで著者も体験しました。

利用したのは、乗車地が六本木ヒルズ、目的地が大手町というコース。あらかじめスマホでの予約が必要です。予定の時間の少し前に六本木ヒルズに到着すると、スタッフから実証実験の概要と注意事項、禁止事項が書かれた資料が渡され、それを事前に読んでおきます。自動運転タクシーの技術的なしくみや、これから乗り込む車に搭載されているモニター表示の解説なども書かれていました。

スマホの予約画面

将来のロボタクシーでは、乗りたい場所と目的地を指定することになる。予約した時間まで何分かがカウントダウンされている。

◆到着したロボットタクシー

予約の時間になると、ドライバーの運転で自動運転タクシーが到着しました。ベースはトヨタのエスティマ·ハイブリッドですが、ノーマルとの違いはまずはセンサー類です。フロントのバンパーに二次元レーザーセンサー（LiDAR）が３箇所に設置されているのが目立ちます（中央に1つ、左右に2つ）。グリル中央部分にはミリ波レーダーが内蔵されているとのことでした。

車内でも、フロントウインドウに距離測定用のステレオカメラ、白線・信号検知用の単眼カメラが装備されていました。更に、ルーフ上にも三次元レーザーセンサー、リヤウインドウにもカメラが1台、車内にいくつかの小型カメラが設置されていました。カメラだらけの印象です。

ロボットタクシーの細部

バンパーにはセンサーが。

社内のカメラ

ルーフのLiDAR

リヤバンパーにも側面に二次元レーザーセンサー「LiDAR」を装備。主催したZMPと日の丸交通、協力の三菱地所や森ビルのロゴが描かれている。

リヤバンパーにも二次元レーザーセンサー（LiDAR）を左右２箇所に設置。トランクには自動運転用コンピュータが搭載されている。

◆無人運転のタクシーに乗り込む手順

　スタッフは周囲にたくさんいますが、そこは無人であることを想定して実証実験が行われています。そのため、乗り込むのにもスマホとアプリを使います。タクシーのウインドウに貼られたQRコードをスマホでスキャンすることでドアが自動で開きます。

タクシーの乗り方①

タクシーのドアのガラスに貼ってあるQRコードを、予約したスマホアプリで読み込むことで開錠する。

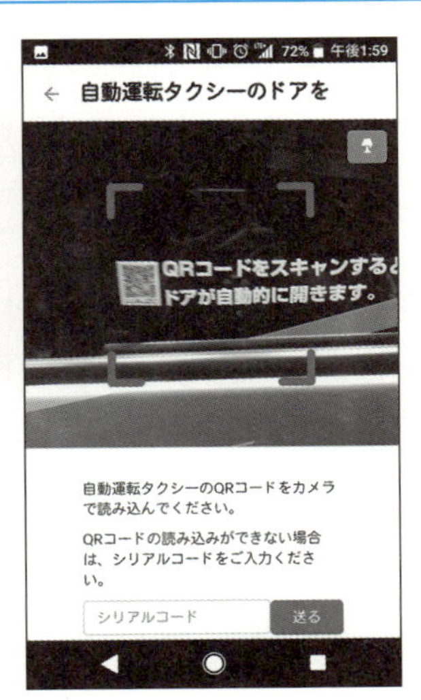

タクシーの乗り方②

自動的にドアが開くので乗りこむ。

今回の実証実験では、自動運転といえども安全のため、プロのドライバーが運転席に座っていました。また自動運転をチェックするオペレーターも助手席に座っていました。乗客は最大４名、２列のリヤシートに２人ずつ座る形式でした。ドアが開いたら乗り込んで出発です。なお車内の様子は撮影禁止でした。車内では助手席背面にタブレットが設置されており、シートベルトの確認や出発の確認、ルートの確認が可能です。また運転席背面には少し大きめのディスプレイで自動運転の様子がリアルタイムに表示されます。隣に車がくるとワイヤーフレームの車が表示されたり、車線の様子が情報として表示されたりします。

自動運転中は「AUTO」、手動運転中は「MANUAL」と表示されるので、システムが運転しているのか、ドライバーの運転なのかがわかるようになっていました。基本的には自動運転でいくのですが、停車車両が動かなかったり、横の車がずっといて車線変更できなかったりする場合にドライバーが運転に介入する場面が何度かありました。

約5.3kmの道のりをおよそ30～45分で走行して目的地であるゴールに到着。

最後にアンケートに答えて終了という手順でした。これで料金は一律1500円。通常メーターの料金表示は3000円を越えていましたので、今回は割安での走行体験が提供されたということでした。この支払、すなわち商用の自動運転タクシーが世界で初めての試み、となったわけです。なお将来、自動運転タクシーの実現によって、料金はかなり安くなると期待されています。

◆完成度と見えた課題

取材を通して、いくつかの自動運転車には見たり乗ったりしてきましたが、決められたコースとはいえども、やはり都内の公道です。交通量が大変多く、片側３車線の道路を走ったり、その規模の交差点を右折したりもしていました（右折信号で）。それでも周囲の車や歩道を歩く人を正確に認識して、これだけの速度とレベルで既に走れる高い完成度にあることを実感しました。

しかし明確な課題もはっきりとわかりました。まずは、**路上駐車**している車。更には幅寄せするような動きをするクルマです。特に路上駐車のクルマの存在は、自動運転のシステムにとっては道路の幅や形状が常に変わっているような状況を作り出してしまっています。また、突然発進するなど、想定外の危険も間近で発生します。自動運転車の導入には路上駐車を禁止にして道路から一切なくすことを、環境面から検討すべきであることは明確だと感じました。

一方で自動運転車が普及していくまでの、これからのブラッシュアップも楽しみです。

5-2

自動運転タクシーと連携したMaaSの実証実験

ZMPは、2018年の自動運転タクシーの実証実験に続き、第二弾として2019年10月、自動運転タクシーに加えて、プロジェクトに自動運転モビリティと高速リムジンバスとの連携を追加し、「MaaS実証実験」を行うことを発表しました。

「MaaS実証実験」の内容

実証実験には6つのルートが用意され、利用したいルートを第三希望まで選択して応募する形式でした。当選したユーザーは、スマホにアプリをダウンロードし、スマートフォンアプリから各モビリティを利用します。

自動運転タクシーと自動運転モビリティ

3種類の交通手段に関しては、自動運転タクシーとリムジンバスが有料で、自動運転モビリティは、タクシーを利用すると予約と乗車を無料で行うことができます。

乗車・降車地は、成田空港か羽田空港、東京シティエアターミナル（T-CAT）、丸の内パークビル、丸の内仲通りです。

例えば、羽田空港から丸の内仲通りまで移動したい場合、羽田空港からT-CATまでを高速リムジンバスで、T-CATから丸の内パークビルまで自動運転タクシーで、丸の内パークビルから仲通りを自動運転モビリティで移動します。

3種類の交通手段を使い分ける

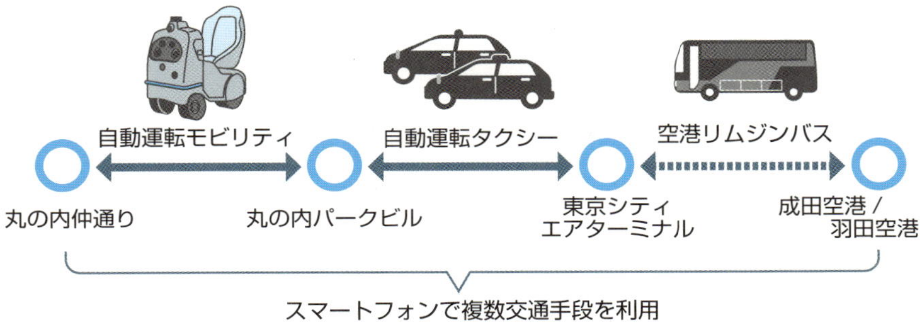

自動運転モビリティ
自動運転タクシー
空港リムジンバス
丸の内仲通り
丸の内パークビル
東京シティ エアターミナル
成田空港／羽田空港
スマートフォンで複数交通手段を利用

この実証実験は、東京空港交通、東京シティエアターミナル（T-CAT）、日本交通、日の丸交通、三菱地所、JTB、ZMPの7社によって、東京都事業である「自動運転技術を活用したビジネスモデル構築に関するプロジェクト」に基づいて行われ、自動運転タクシーの実証実験に加えて、高速バスとの連携、さらには近距離をカバーする自動運転モビリティとの連携を模索するものとなっていました。

ここまで見てきたように、今まで、パソコンやスマホに比べてデジタル的な進化やシステムの導入が遅れていた公共交通や自動車にも、大きな改革が訪れようとしています。その代表的なものが「MaaS」です。電車、バス、タクシー、自動車、そして観光や暮らしを連携しようというサービスです。そして「コネクテッド」の試みです。

続く**第3部**では、そうしたデジタル化を支える技術について解説しましょう。

第3部
自動運転を実現する技術

第6章

自動運転の開発を急ピッチで進めるトヨタ

トヨタ自動車は、米国を拠点に人工知能や自動運転・ロボティクスなどの研究開発を行うToyota Research Institute, Inc.（TRI）を設立し、最新研究を進めています。一方で、課題となるAIのトレーニングデータの収集やシミュレータの開発にも積極的に取り組んでいます。そして次の目標は2020年夏に定めているようです。

6-1

2020年夏、日本でレベル4自動運転車の試乗

2019年7月トヨタは、欧州の関連会社において自動運転車による公道走行テストを欧州で初めて開始することを発表しました。さらに「2020年夏に日本でレベル4自動運転車の同乗試乗の機会を提供」すると2019年10月に発表しています。

レベル4とは？

公道走行テストには、レクサスの「LS」をベースにした自動運転車両（プロトタイプ）「TRI-P4」を使っています。「TRI-P4」は、TRIが開発している自動運転実験車です。これを使用し、「東京都内でMaaS分野における**SAE Level 4**相当の自動運転のデモンストレーションを実施する予定で、一般の方向けの同乗試乗を行う」としています。

自動運転車両（プロトタイプ）「TRI-P4」

SAE（Society of Automotive Engineers、自動車技術者協議会）の**レベル4**とは、簡単に言うと「特定の地域内において、すべての運転を自動運転システムが担当し、運転が難しい状況においてもシステム自身が対処する」というもの

です。すなわち、**限られた範囲内（道路内）での完全自動運転**ということになります（次項でSAEの自動運転レベルを解説）。

トヨタは、リリースを通じて「P4実験車の同乗試乗は、交通量が多く、渋滞も頻繁に起きる東京・お台場地区で行います。お台場の交通環境は複雑で、歩行者・車両が入り交じる交通状況、様々な道路インフラやガラス張りの背の高いビルなどの厳しい環境の下、自動運転技術の実力を示すことになります。なお、この同乗試乗については、ご登録をいただいたうえで、参加者を決定する予定になっております。また、当実験車には、日本の交通法規のもと、同乗試乗中も、万が一の事態に備えるためのセーフティ・ドライバーが運転席に座る予定になっています」と具体的な部分まで言及しています。

開発や実証実験を主導するのは前述のTRIです。TRIの最高経営責任者（CEO）であり、トヨタ自動車のフェローでもあるギル・プラット氏は「お台場の複雑な交通環境で自動走行を成功に導くということは、限られた短い時間の中で技術をより早く向上させるという、高い目標を自らに課すこと」とコメントしています。そして、TRIとトヨタを繋ぐ日本法人「トヨタ・リサーチ・インスティテュート・アドバンスト・デベロップメント」（TRI-AD）とも連携をとっていく、としています。

自動運転システムのレベル0～5

自動運転車の実用化は技術的に6つのレベルに分類されていて、高度運転支援システムから完全自動運転車までの段階が定義されています。以前は、自動車や運転者の安全を監視する米国運輸省の部局である「**NHTSA**」（National Highway Traffic Safety Administration）が策定した自動運転車の基準が使われていましたが、NHTSAが米「自動車技術者協議会」（SAE）が策定した基準に準拠することを発表したため、現在では世界的にSAEが標準とされ、レベル0～5の段階分けが一般的です。日本も「自動車技術会」（JSAE）がSAEに準じています。

▼自動運転車のレベル

レベル	内容
レベル0〔ドライバーによる運転（自動運転なし）〕	自動車の操縦はドライバーが行い、システムは短い車間距離に対する警告など、センサーからの情報をブザー（安全システム）等によってドライバーに警告するなどの段階
レベル1（運転支援）	自動車の操縦はドライバーが行う。安全運転支援システム。自動車の操縦のうち、前後（加速・減速/制動）、または左右（操舵）のいずれかをドライバーが行い、いずれかをシステムが行う。加速・制動、操舵のいずれかをシステムが補佐的に行うことができる。高速道路のレーンに沿って自動走行するアダプティブ・クルーズ・コントロール（ACC）、自動ブレーキ機能等がこれに含まれる
レベル2（部分的な自動運転システム）	自動車の操縦はドライバーが行う。加速・制動、操舵の両方を同時にシステムが行うことができる。自動車の操縦はドライバーが行う。トヨタの「Toyota Safety Sense」やホンダ「Honda SENSING」、日産「プロパイロット」など、一般に運転支援システム（ADAS）と呼ばれるものがこのレベル相当をうたっている
レベル3（運転士が必要な自動運転：条件付き自動運転）	限定地域内において、加速・制動、操舵のすべてをシステムが行う。ただし、緊急時には運転士が運転を担う。システムの要請や運転士の判断によってドライバーが操縦対応する段階
レベル4（限定エリア内での完全自動運転：高度自動運転）	限定地域内での完全自動走行システム。加速・制動、操舵のすべてをシステムが行い、運転士は関与しない。空港や施設内、専用レーン内などでの無人運転車、ドライバーレスカーなど
レベル5（完全自動運転）	公道を含め、地域に限定しない、運転士の必要のない完全自動走行システム。ハンドル、アクセル、ブレーキ等操縦する機器がないものも想定されている（2019年現在の日本の道交法では公道を走るには操縦機器が必要）

「Guardian」（ガーディアン）と「Chauffeur」（ショウファー）

トヨタのAIとロボティクス最先端技術の研究所TRIが開発している自動運転技術に関わるソフトウェア（システム）は、大きく分けて2つあります。「**Guardian**」（ガーディアン）と「**Chauffeur**」（ショウファー）です。NVIDIAがシリコンバレーで開催したGPUのイベント「GTC 2018」のセミナー内でTRIの講師が明らかにしました。「GTC」は、「GPU テクノロジ カンファレンス」の略です。

TRIの使命は、AI、自動運転、ロボット技術の進歩によって人間の生活の質を向上させることです。自社の研究と、業界で最も強力なGPUインスタンスであるAmazonのAWS EC2 P3インスタンスと他のAWSサービスを組み合わせて使用し、自律型車両とロボットを大規模に活用できるかどうかも研究している、と語りました（当時）。そして次のような内容で新しい技術を説明しました。

TRIが開発している「Autonomy Software」には2つのモード、「ショウファー」と「ガーディアン」があります。元々は自動運転車のプラットフォームをテストするために開発したもので、ひとつのソフトウェアに2つの違うモードを備えたものになっています。

「**ショウファー**」は、最終的に自動運転車のシステムを担うものです。人間の代わりになって完全に自動で運転するシステムで、ショウファーが最終的な開発目標となっています。しかし、それを一足飛びに実現するのは困難です。
そこで現時点では、「**ガーディアン**」が大きな意味を持ってきます。ガーディアンは常に人が運転する様子を監視し、必要な時にだけ介入する（関わる）という、運転者を支援するシステムです。クルマが衝突したり、事故に遭ったりする危険性から守るためのしくみです。

自動運転には0～5までのレベルがあることを既にご存じかと思います。「レベル0」では、あなた自身が運転します。「レベル1」では足を使わない（アクセルペダル）。「レベル2」では手と足を使わない（アクセルとハンドル操作がシステム）。「レベル3」では普段は目も使わない。「レベル4」では決まった範囲内なら頭も使わずに運転することができ、「レベル5」では、ついには運転するあなたも必要なく、どこへでも行くことができます。
これはとても難しく複雑な課題もあるので、私たちは現状よりもっと前進するために真剣にこれらの問題に取り組んでいこうと考えています。

自動車メーカーの中には、いきなり「レベル4」以降を目指して自動運転を実現しようというアプローチもあります。多くの人はそれが最良だと感じるかもしれません。しかし、私たち（TRI）は必ずしもそれが正しいとは思っていません。私たちは人と自動運転の「協調性」が重要だと考えています。ガーディアンは人が運転し、それをAIが支援する協調性を重視したしくみです。

なお、TRIの先進技術研究を支援するとともに、トヨタ自動車の開発部門を繋げる役割をしているのが、日本法人のトヨタ・リサーチ・インスティテュート・アドバンスト・デベロップメント株式会社（TRI-AD）です。「ショウファー」と「ガーディアン」の訴求や技術者の人材確保にも積極的です。

2018年に設立され、ホームページの情報によれば、開発投資額は約3000億円、社員数約430名となっています（2019年12月時点）。

TRI-AD

トヨタ・リサーチ・インスティテュート・アドバンスト・デベロップメントのホームページ
(https://www.tri-ad.global/jp/home)

第3部
自動運転を実現する技術

第7章

自動運転とAI

本書は「AI」について解説する書籍ではありませんが、現在のコンピュータ技術、ビッグデータ解析、そして様々なセンシングを含めた自動運転の技術に「AI」は既に不可欠なものになっています。むしろ、ディープラーニングなどのニューラルネットワークからなる「AI」関連技術なくしては、自動運転の実現など、夢の話だったに違いありません。

7-1

ニューラルネットワークとディープラーニング

ここでは、自動運転技術の理解に欠かせないAIの基礎を整理します。

AIとはなにか

現在は第三次「AI」ブームと呼ばれ、「AIが社会全体を変える」とまで言われています。その表現は間違ってはいませんが、多くの誤解も生んでいます。

例えば「全知全能な人工知能コンピュータが誕生した」ということではありません。従来のコンピュータでは実現できなかったことが、AI関連技術である**ニューラルネットワーク**というソフトウェア技術によって可能になった、というのが正しい表現です。AIとはニューラルネットワーク、「機械学習で学び、そこから特徴を見出して推論を行う」、人間の脳を模倣したソフトウェア技術のことをさしています。

一般的にコンピュータのソフトウェアはプログラマがコードを記述する「命令文」で作られています。アルファベットと数値で書かれた命令文（プログラミングコード）の羅列を映画のシーンや教科書などで見たことがあるでしょう。

命令文の中には判断を指示するコマンドもあり、一般に「if-then」文と呼ばれます。「もし××だったら（if）、○○を行う（then）」「もし、その数値が0だったら、エラーメッセージを表示する」とか「もし、数値が40（℃）以上だったら、『熱中症の危険があります』と画面に表示する」といったものです。

これを**条件定義**とも呼びますが、今までのコンピュータは人間がプログラミングで定義しなければ判断や判別ができませんでした。逆に言えば、人間が定義できないことをコンピュータにやらせることはできなかったのです。

わかりやすい例が「コンピュータに犬と猫を見分けさせる」ことです。プログラムのたとえ話だと難しいので、仮に「あなたは子どもに犬と猫の違いを言葉でどう教えますか?」と問われたらどのように答えるでしょうか。

耳がとがっている?　鼻が飛び出している?　毛が長い?　耳がとがっている犬も猫もいます。鼻がペチャンコな犬も、猫もいるでしょう。どれも犬と猫を見分けるための決定的な条件とは言えず、言葉では表現できない、つまりはプログラムコードで表すことができないのです。今までのシステムは、そもそもどこが耳や鼻なのかも判別できないでしょう。

今まで、コンピュータに犬と猫を見分けさせることは事実上、できなかったのです。

分類問題

犬か猫か、それぞれのイラストを見分ける。人間は簡単に見分けられるけれど、コンピュータが見分けられるように定義するのは困難。

これを可能にしたのが、人間の脳を模倣した「**ニューラルネットワーク**」というソフトウェア技術です。ソフトウェア技術の中でもAI（Artificial Intelligence）

関連技術のひとつなので、ニューラルネットワークを使ったソフトウェアやアルゴリズムを「AI」と呼んでいます。これを今までのソフトウェアと合わせて使うと、犬と猫を判別できるシステムができます。順を追ってもう少しだけ詳しく説明します。

人間の脳が学習するしくみ

人間の脳のしくみはまだ完全には解明されていませんが、次のような説があります。人間の脳の中には膨大な数の神経細胞（**ニューロン**）があり、電気信号で情報を伝達することで、モノを識別したり、言葉を理解したり、物事を判断しているといわれています。コンピュータのプログラム的に置き換えると次のようなしくみです。

ニューラルネットワーク　入力層 - 中間層 - 出力層

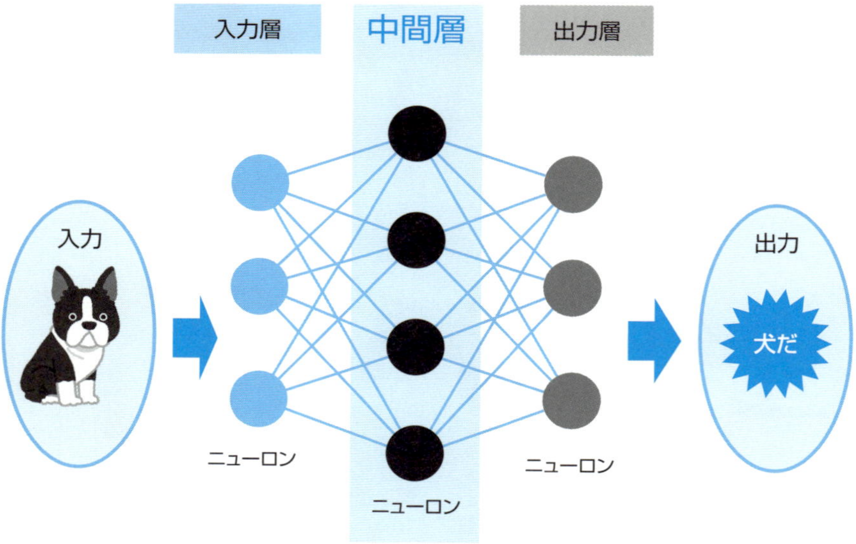

入力層
中間層
出力層
入力
ニューロン
ニューロン
ニューロン
出力
犬だ

例えば人間は、写真や画像を目で見ると、その情報が眼から脳の入力層に伝わり、脳では膨大な数の**中間層**（考えるところ）のニューロンにその情報を伝達することで、その情報に関連のあるニューロンが反応（発火）し、それが何か、関連する情報を出力層に伝達する。

今までのコンピュータは演算スピードが遅かったので中間層にたくさんのニューロンを設けることができませんでした（膨大な時間がかかる）。しかし、この数年で飛躍的に演算スピードが向上した結果、この中間層に複数の層を設けることでニューロンの数を増やし、考える能力を向上しました。このように中間層に複数の層を設けるしくみを「**ディープラーニング**」（深層学習）と呼びます。

中間層を増やして深層化するディープニューラルネットワーク

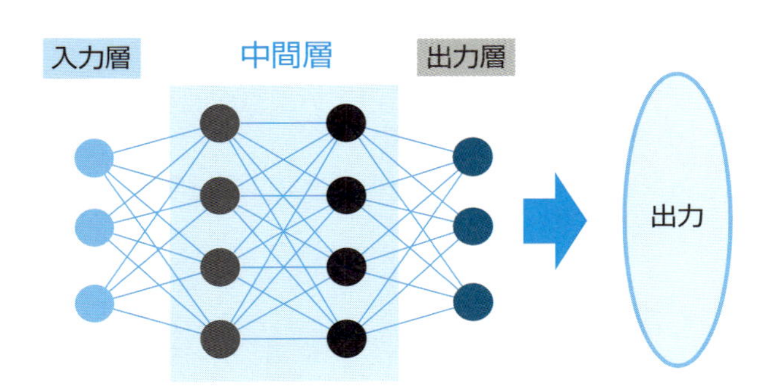

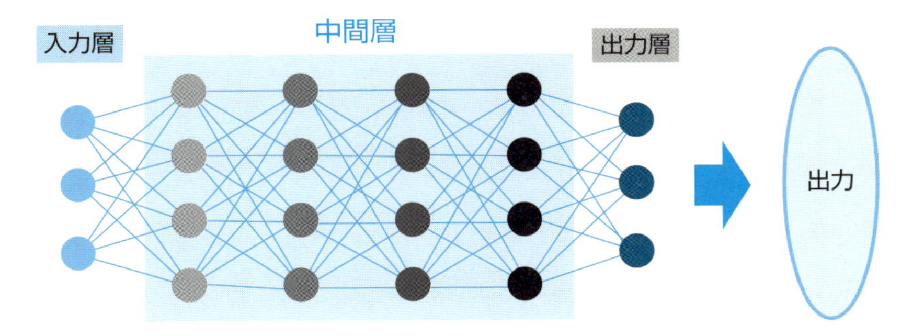

中間層が複数のものをディープラーニングと呼ぶ。実際のシステムでは10～30層など、膨大な数のものが多い。

図のイラストが犬だと知っている人は「犬」と答えることができますが、犬を見たことがない人にはわかりません。では、どこを見て犬と判断したのでしょうか。そう聞かれると多くの人が「それは……、見ればわかる」と答えるでしょう。

では、人は、犬と猫の違いをどのように学ぶのでしょうか。

それは**経験**から**学習**したのだと思います。生まれたときから犬と猫の違いを理解していたわけではありません。実際に小さな子どもはよく犬と猫を間違えますよね。学習（データ）が不足しているからです。

人は「経験」から自然に学習するのです。犬や猫のたくさんの実物、写真、映画や動画を見て、犬とはこういうものだ、猫とはこういうものだということを感覚で学んだのです。もちろんその動物が「犬」(英語ではDog)、こっちは「猫」(Cat)という生き物であることは親や友達、先生から教えてもらったのかもしれませんが、それらの「**特徴**」は自分たちが経験から学習したものです。

このような経験的知識をコンピュータに学習させることを「**機械学習**」と呼びます。

AIが機械学習するしくみ

AIも同様に経験から学習します。しかし、人間より多くのデータが必要となります。「**ビッグデータ**」です。犬を学習させるためには「犬」の画像や動画をたくさん用意し、この画像や動画ファイルひとつひとつに「犬」というラベル（**タグ**）をつけたデータを用意します（この作業を**アノテーション**と呼びます）。この画像や映像が「犬」だということを教えるためで、これを「**教師データ**」と呼びます。

膨大な数の教師データをニューラルネットワークの入力層に読み込ませると、中間層でこのファイルを解析して、やがてニューラルネットワークは「犬」の「特徴」を理解していきます。このように膨大な情報をコンピュータに与える学習方法が「機械学習」です。機械学習のうち、ニューラルネットワークを使用したソフトウェア（アルゴリズムやモデル）を「AI」と呼びます。機械学習した結果、犬を判別できるようになったソフトウェアはAIモデルとして、従来のソフトウェアに組み込まれます。ちなみに犬かどうかを識別・判別することをAI用語では「**推論**」と呼びます。

ラベル付きデータによる機械学習

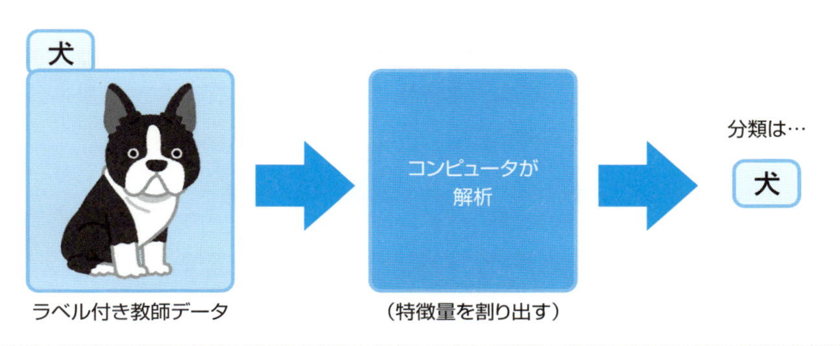

膨大な数の「犬」（正解ラベル）付きの画像データを与えて機械学習させ続けると、やがて犬の特徴を理解して、コンピュータが犬を判別できるようになる。学習させてAIを賢くするフェーズを「機械学習」、賢くなったAIモデルを使って犬かどうかを識別・判別させることをAI用語で「推論」と呼ぶ。

機械学習のニューラルネットワーク、すなわち「AI」は、人間が提示したプログラムによる定義ではなく、「ある**特徴量**を算出」することで、モノの判別や識別ができるようになります。そしてその特徴量が「犬」だと教えてあげれば、それが犬と分類されることを理解します。これを繰り返すと、機械自身が特徴量を算出して、犬に分類すべき情報が増えていきます。

犬にもいろいろな種類がありますね。大型犬と小型犬では印象はずいぶん違います。ダックスフントとブルドッグも容姿は大きく異なりますが、人間と同様、それらの画像や動画をたくさん見て学べば、それらが犬に属していて、それぞれダックスフントとブルドッグという名前で呼ばれる種別だということを学習させることができます。

コンピュータが扱っている特徴量は実際には数値（**ベクトル値**）なのですが、ニュアンスとしては人間が「犬か猫かは見ればわかる」というのと同様に、どこがどうこうというのではなく、「なんとなくわかるでしょう、これは犬ですよ」という曖昧な「特徴量」から見分けられるようにもなります。また、これらの特徴は訓練によって機械が自動的に学習するので、開発者は従来のように細かなルールを定義する必要から解放されるのです。

この技術やしくみを自動運転分野に拡張して応用すると、どうなるでしょうか。

目の前のカメラ映像から、歩行者、自転車（対向車）、車、信号、標識、自動車のレーン、歩道、横断歩道などを識別する能力が実現します。

同方向に走行しているクルマをAIが認識し、距離も計測する様子。

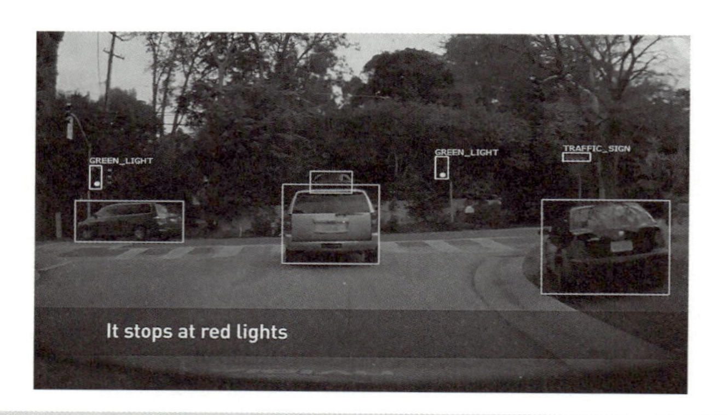

クルマ、歩行者、自転車、信号、標識などをAIが識別する。

しかし、このように説明すると「簡単に犬が学習できる」と思われるかもしれませんが、課題があります。それは学習には膨大な数（量）のデータが必要だということです。犬のデジタル写真は今ではTwitterやFacebook、Instagramなどの SNSに溢れていて入手は簡単ですが、SNSが流行する前は膨大な数の画像を用意することは簡単ではありませんでした。同様にそもそも入手が困難なデータ、大量に入手できないデータをAIに機械学習させることは今でも困難なのです。

また、自動運転の場合、人やほかのクルマを識別するのは比較的簡単ですが、信号機そのものにもいくつかデザインやパターンがあり、自動車レーンや横断歩道、標識などは、デザインがわずかに違うものもあります。更に、国が変われば交通ルールや標識は全く異なり、レーンのとり方や横断歩道のデザインも変わってきます。このようにAIや機械学習は自動運転の実現に必要不可欠であるものの、膨大なパターンが想定されるため、ある程度の安全性を担保できるだけの経験をAIが積むためには、気の遠くなるような走行データが必要になるのです。

カメラ映像やセンサーから情報を収集し、AIが判断する……。AIは自動運転実現のためにとても重要な中核の要素技術となりましたが、これらの技術でリードしてきたのは自動車メーカーではありません。AI機械学習、AI推論、ネットワーク、センシング、カメラなどの技術を持つパートナーが、自動車メーカーには重要になったのです。トヨタはそれに気づいてTRIを設立し、膨大な研究資金を投じて自社のAIロボティクス研究を育成するとともに、パートナーとの連携を加速したのです。

NVIDIAとGPU

2017年1月、米ラスベガスで開催された世界的な家電見本市のイベント「CES 2017」の基調講演でトップバッターをつとめたのは、NVIDIA（エヌビディア）の社長兼CEO、ジェンスン・フアン氏でした。フアン氏は2016年10月に日本で開催された「GTC Japan 2016」というイベントでも超満員の来場者の前で、NVIDIAが「ビジュアルコンピューティング・カンパニーから『AIコンピューティング・カンパニー』へと変革する」ことを高らかに宣言しました。

「AI」と呼ばれるニューラルネットワークやディープラーニングがIT業界を席巻

する中、NVIDIAは瞬く間に脚光を浴びるAI業界のトップに踊り出ました。その影響で「CES 2017」で基調講演を行ったり、多くの自動車メーカー等との提携を実現したりしているのです。

AIで脚光を浴びるNVIDIA

NVIDIAの社長兼CEO、ジェンスン・フアン氏

NVIDIAと連携している自動車関連企業の例。メーカーではトヨタ、アウディ、ボルボ、メルセデスらが並ぶ（GTC 2018でのNVIDIAプレゼンテーション資料より）。

では、AIコンピューティングを宣言したNVIDIA社の技術的アドバンテージはどこにあるのでしょうか？

ポイントをわかりやすく解説しましょう。

NVIDIAは半導体メーカーであり、消費者に最も知られている商品はビデオボード〔グラフィック（画像処理）拡張カード〕や**グラフィックスアクセラレータボード**、いわゆるグラボと呼ばれる「GeForce」シリーズです。AIブームの現在でも売上割合の多くをグラフィックボードが占めています（eスポーツが海外で流行している影響もあります）。自作パソコンに興味がある人やゲーマーには有名な企業です。また、システム技術者にはワークステーション向けの「Quadro」やスーパーコンピュータ向けの「Tesla」が知られています。

従来はグラフィック処理技術に長けた企業、という紹介がぴったりでしたが、今ではAIのトップリーダーということになります。その理由は同社が製造している「**GPU**」にあります。「GPU」とはグラフィックス·プロセッシング·ユニットの略で、グラボに搭載されているICチップのことです。

コンピュータの頭脳は「**CPU**」（セントラル・プロセッシング・ユニット）と言われています。ところが、グラフィックスの高速処理はCPUに大きな負担をかけます。というのも、グラフィックスの処理で必要な「**行列演算**」や「**並列演算**」処理は、CPUにとってはそれほど得意分野ではありません。そこで、パソコンではグラボを増設し、そこに搭載されたGPUがグラフィックに必要な「行列演算」や「並列演算」の高速処理を肩代わりし、分散処理をすることでコンピュータ全体の高速性を飛躍的に向上させてきました。

そのため、3DやCGを使った高精細な画像を扱うクリエイターや、ゲームマニアのユーザーは、CPUの性能と共に高性能なグラボやGPUにこだわってパソコンを選択したり、自作したりしています。

◆GPUはAIコンピューティングの救世主に

ニューラルネットワークのようなAIコンピューティングには、大きな課題がありました。それは、前述のように膨大な数のニューロンの情報伝達が必要で、「行列演算」や「並列演算」を多用します。更にビッグデータの解析が必要な機械学習では、コンピュータのパワーと学習するための処理時間がとてつもなくかかるという問題です。犬を学習させるのに、それまでスーパーコンピュータでも数カ月から数年かかるといわれていたのです。

NVIDIAは、もともとGPUは「行列演算」や「並列演算」が得意なので、AIに必要な計算もCPUから肩代わりすることを思いついたのです。しかも、GPUは複数個使うとそれだけAIの計算処理が速くなるスケーラブル（拡張可能）な特性があります。これを利用して、かつてはスーパーコンピュータでなければできなかったニューラルネットワークやディープラーニング、DNN（ディープ・ニューラル・ネットワーク）による機械学習を、GPUを複数個搭載した比較的安価なコンピュータでも可能にし、処理時間も圧倒的に短縮したのです。また、NVIDIAはそれらのGPU搭載のハードウェアを使いこなすためのソフトウェアやツール類も用意して提供しました。これにより、それまでAIに詳しくなかったプログラマでも比較的容易に利用できるようになり、AIは爆発的に普及することになります。

NVIDIAのAIボード

AIの計算処理を高速に行うGPU搭載のAIボードの例。

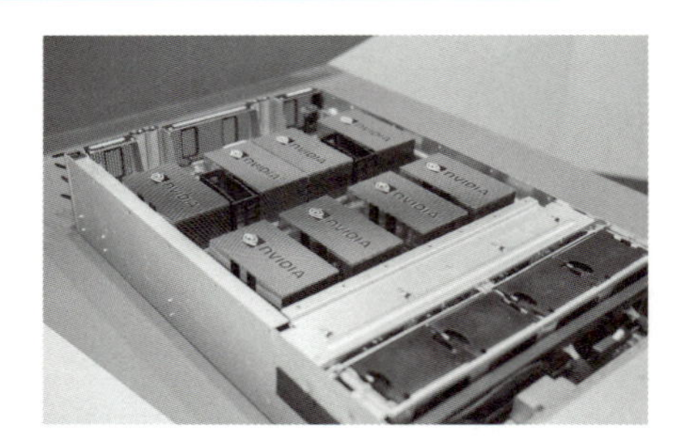

AIの計算処理を高速化するコンピュータの例。複数のGPU搭載のAIボードを内蔵することでスーパーコンピュータ級の処理を実現する。

◆自動運転用のAIコンピュータ「NVIDIA Drive」

AIは決して万能ではないものの、様々な分野でとても重要な技術になりました。そこでNVIDIAは、デスクトップパソコンに搭載するGPUボード（グラボ）だけでなく、スーパーコンピュータと併用したり、クラウドサーバーのラックに収めるような超高速な製品のラインアップ化を進めます。これらはビッグデータを「機械学習」するのがメインの超高速システムです。

一方、機械学習したソフトウェア（**モデル**）を使って、識別･判別することを「**推論**」と呼ぶことは前述しました。推論にはスーパーコンピュータは必要ありません。とは言え、「行列演算」や「並列演算」を行うGPUはあった方がよいのです。そこでNVIDIAは、ビデオカメラや監視カメラ、ドローン、ロボット等にも搭載できる小型のAIコンピュータボード（GPUを搭載しているもの）の製品化が必要と判断しました。それを「Jetson」シリーズとしてリリースします。

同様に、自動運転に特化したAIコンピュータボード「**NVIDIA DRIVE**」もリリースしたのです。もともとGPU搭載のハードウェアを使いこなすために用意していたソフトウェアやツール類は「DRIVE」シリーズにも活用できるように設計しました。そのため多くの技術者が自動運転に関する機械学習に入っていける環境を整えたのです。

NVIDIA DRIVE

NVIDIAが開発した、自動運転を実現するための研究用･開発用AIコンピュータボード「NVIDIA DRIVE」シリーズ。写真は「NVIDIA DRIVE Pegasus」。トヨタをはじめ多くの自動車メーカーが「NVIDIA DRIVE」シリーズを使って自動運転の機械学習と推論の研究開発を行っている。

NVIDIA DRIVEを自動車に搭載した例。トランク内に収容し、カメラ（ビジョン）データやセンサーデータなどをAIで処理する。

またNVIDIAは、自動運転向けに「DRIVE AIコンピューティング・プラットフォーム」の提供も開始します。初期のDRIVEプラットフォームには大きく分けて3段階のバージョンが用意されました。オートクルーズ向け（高速道路などでのレーン保持等の自動走行）、オートショーファー向け（特定の場所から場所への自動走行）、そして完全自動操縦向けです。

NVIDIA DRIVE PX 2のプラットフォーム

DRIVE PX 2にはオートクルーズ向け、オートショーファー向け、完全自動操縦向けの3つの製品が用意されている。

◆NVIDIAが開発中のリファレンスモデル自動運転車「BB8」

NVIDIAは、自動運転プラットフォームの開発やデータ収集をパートナーの自動車メーカーだけに任せず、自身でも自動運転車のリファレンスモデルを開発して走らせ、データを収集し、米国カリフォルニア州を中心にして自動運転車の開発研究と公道での実証実験を繰り返しています（実は日本でも数年前から走っています）。

同社の発表によれば、既に周囲の状況を認識して自動で公道を走ることに関しては良好な結果が出ていて、実際の道路のマッピングやサーバとの連携によるシステム強化がはかられるフェーズに入っています。

NVIDIAの自動運転車BB8

NVIDIAが自動運転のトレーニングや実証実験に使用している自動運転車「BB8」。DNN（ディープ・ニューラル・ネットワーク）の国際イベント「GTC 2018」にて（筆者撮影）。

◆BB8に搭載されているカメラやセンサー技術

NVIDIAの自動運転事業の象徴として知られているのが、この「BB8」という愛称で親しまれている自動運転車です。市販されているフォード製のハイブリッド車をベースに、NVIDIAが自動運転のためのハイテク技術を加えたモデルとなっています。公道ではトレーニングを受けたドライバーが運転しています。自動運転のためにDNN（ディープ・ニューラル・ネットワーク）の学習に必要なデータを収集するのが主目的です。すなわち、このクルマでAIをトレーニングするための走行データやビジョン認識処理のための画像や動画データ、環境データなどを収集しているのと同時に、開発してきた自動運転技術をこのクルマで実証実験しているのです。

BB8に搭載するカメラやセンサーの数や種類は、テストによってまちまちです。GTC 2018で展示されていた車両は、カメラを12個搭載し、主に自車両の周囲の状況を見るために使用しています。周りの自動車、バイクや自転車、歩行者、標識、信号、走行できる道路の領域なども識別します。

一方、NVIDIAが開発しているニューラルネットワークの「PilotNet」（パイロットネット）をデモする場合など、カメラは中央にひとつ搭載するだけでまかなえるといいます。冗長性や安全性などを加味していくと、必然的にカメラの数は増えていきます。このモデルはたまたまカメラの数が多いセッティングの状態ということでした。

BB8搭載のカメラ群

カメラは前方向きに５基、斜め前方向きに左右１基ずつ、横向きにも左右１基ずつが搭載されている。

複数のカメラは、それぞれ近くを見るカメラ、遠くを見るカメラ、その中間、という具合に距離の違う視界を担当しています。もちろん画角も異なっていて、近くを見るカメラがより広い領域を見ることができます。また、横を見るカメラも設置し、交差点や車線変更時など、横から来る車や自転車、歩行者などを確認します。斜め後方のカメラは、やはり車線をチェンジするときに隣の車線を走っている車両を確認するのにも有効です。安全性を考えれば、カメラの数は多い方が良いので、複数のカメラを搭載することが主流になっていくと考えられています。

自動運転車で最も重要なセンサーとなるのが「**LiDAR**」（ライダー）です。LiDARはパルス状に発光するレーザー照射によって、周囲の状況を把握することができるレーザーセンサーの一種です。自律的にマップを生成したり、マップと照合して自車がどこにいるのかを特定したりすることもできます。視界が悪い天候や、夜など暗がりでの状況の把握にも有効です。

悪天候や夜の走行など、カメラが見づらい環境でも、レーダーやセンサーが周囲の状況を捕捉します。レーダーとカメラの両方の情報をフュージョンして運転に活用することが重要です。

LiDARの外観

ルーフの上に設置された筒状の機器が「LiDAR」。これはベロダイン製。

BB8にはこのほかに「GPS」と自車位置推定が正しく行えているかの検証のために「**DGPS**」(Differential GPS) を搭載しています。国内の大学やスタートアップ企業が研究・開発している自動運転のシステムでは、DGPSを自動運転のセンサーのひとつとして使用しているところもあるようです。

また、「**IMU**」（慣性計測装置）も搭載しています。また、外観からは見えませんが、バンパーの内部に「レーダーセンサー」が搭載されていました。

映像と地図情報の連携

三次元高精度マップ（HDマップ）を使い、正確な自己位置推定を行う。カメラやLiDARで認識した道路上の白線や、交通標識、信号などの位置とHDマップに埋め込まれている情報のマッチングを行い、自車の座標を推定する。HDマップを使えば、これから走行する経路を事前に理解することができるので、より正確な経路計画が行える。GPSは大まかな位置を知るためだけに使用している。

◆「DRIVEシリーズ」と自動運転のレベル

NVIDIAの自動運転車向けAIコンピュータボード「DRIVE」シリーズは進化してきました。それとともに、現在では自動運転を実現したいレベルに合わせて、製品を選択できるように「DRIVEシリーズ」製品をラインアップしています（2019年時点）。

DRIVEシリーズの変遷

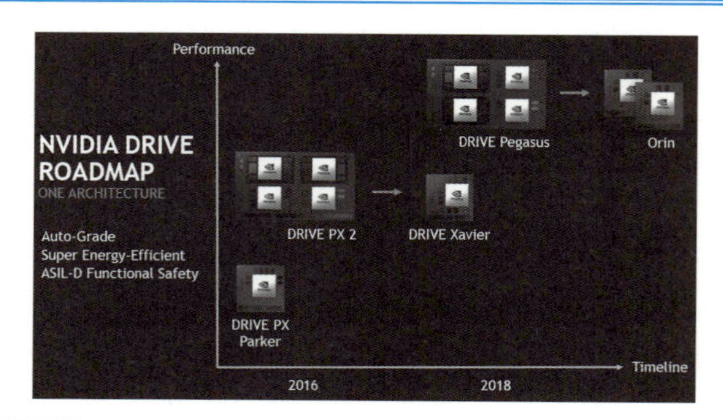

数年前からリリースし、GPU性能の進化とともに新しいバージョンの製品を提供してきた。プラットフォームは共通で使用できる。

大きく分けるとまず「DRIVE PX Parker」と、その上位版で4チップ構成の「DRIVE PX 2」があります。ソフトウェア・アーキテクチャとしては同じものが動作します。そのため開発者が「DRIVE PX Parker」用に開発したソフトウェアは、「DRIVE PX 2」にアップグレードしても、そのまま利用できるスケーラブルなものになっています。

「DRIVE PX 2」は 4 チップですが、それより最近に発表された「**DRIVE Xavier**」(エグゼビア)は1チップです。それでも「DRIVE Xavier」の方が「DRIVE PX 2」よりグレードは上です。「DRIVE PX 2」は「Tegra」(テグラ)と単体のディスクリートGPUを組み合わせた4チップで構成されています。

「DRIVE Xavier」に搭載されているSoC(System on Chip、統合型プロセッサ)は「Tegra」ファミリーのひとつ「**Xavier**」と呼ぶ新しいSoCです。「DRIVE PX 2」は、Parker(TegraファミリのSoC)とMaxwell世代のディスクリートGPUを二組で構成されています。「**DRIVE AGX Xavier**」は、Xavier(Parkerの後継)を2基、「**DRIVE AGX Pegasus**」は、XavierとTuring世代のディスクリートGPUを2組で構成されています。

なお、「DRIVE PX 2」は現在販売されていません。また、「DRIVE Xavier」、「DRIVE PX Xavier」(2017年)、「DRIVE AGX Xavier」(2019年)と、名称も変遷しています。

自動運転は例えば「レベル2」と「レベル5」では、要求される技術や機能に違いがあります。ロボットタクシーのように完全な自動運転の「レベル5」になると、要求される技術レベルも高度になるので、最も高い処理能力を持つ「DRIVE Pegasus」が必要になるでしょう。「DRIVE PX 2」ではレベル2やレベル3が最適で、レベル5は難しいと考えられています。

ただし、「DRIVE PX Parker」から「DRIVE Pegasus」まで、ソフトウェア・アー

キテクチャとしてはすべて共通でスケーラブルになっているので、運転者をサポートする自動運転支援機能を「DRIVE PX 2」等で開発した後､レベル５を「DRIVE Pegasus」で目指すという場合も､それまで開発したソフトウェアやシステム､ツールやデータをそのまま使用したり、それを土台に拡張したりすることができるようになっています。これは開発現場にとっては大きなメリットです。

7-2

ドライブシミュレータが自動運転開発に重要

TRIのCEOのギル・プラット氏は「CES 2016」で「Trillion-Mile Reliability」を提唱し、それを実現するためにTRIは「ザ・トリリオン・マイル・チャレンジ」を実施することを発表しました。理論上、自動走行には「1兆マイル」もの走行データが必要だと言います。

自動運転の実現には「1兆マイル」の走行データが必要

自動運転におけるセンシングやマッピングの技術はかなり成熟しています。決められたコースを正確に走る技術やルートを計算してその通りに走る技術は、いつでも実現できる状態にまで成熟していると言ってよいでしょう。

TRIはAI（機械学習）には３つの「P」が重要であるとしています。それは、Perception（知覚:見て認識して判断する)、Prediction（予測)、Planning（計画）です。技術的なレベルは実はこれらも達成しているといっていいでしょう。トヨタはその部分で米NVIDIA（エヌビディア）等と提携し、高いレベルで既に自動運転を実現しています。決められた「専用の」敷地内を走るシャトルのような活用なら、高いレベルで実用化できるはずです。

しかし、公道を走るとなると話はまた別です。課題は安全に走行するためのAIによる判断です。AIは非常に多くのデータから知識を学習することで判断の精度を上げていきます。それはある意味、人間と同じように「経験から学ぶ」と言えるでしょう。ただし、AIには人間ほどの応用能力はまだありません。人はある日、ある道路で「ヒヤッ」とした経験を、別の道路や別の環境に応用することができますが、AIはそうはいきません。そのため、実際に膨大な距離の道路を様々な条件で走行して初めて、正しい走行、危険な走行、ヒヤッとした走行などを経験して積み重ねないと習熟できないのです。

1兆マイルの走行データを得るために、TRIは走行している一般の車からも数百万のデータを得て、更にプロドライバーのテストカーから集積した数百万のデータを合わせて実データを収集しています。しかし、1兆マイルの目標を数年間という短期間に達成するのは不可能だ、というのです。だからと言って経験不足のAIを実用化して公道に出すわけにはいきません。

ではどうするのでしょうか。

シミュレータを使うのです。

AIはシミュレータから学習

ドライブシミュレータを使ってAIを経験させることで、1兆マイルに足りない分の経験を得るというのです。クラウド上にシミュレータを構築し、そこでAIを運転させることによって、実走行データと同様の経験を得ようというわけです。実はこの方法はとても合理的です。最近ではあらゆる分野のロボット開発にAIが導入されていますが、それらの分野でもシミュレータはAIの学習にとても有効なのです。

例えば、ある街のメインストリートを実際のデータ収集車で走行するとします。晴れた日中に行ったとしましょう。実走行してデータを収集した結果、AIはその道路の走行を学習します。しかし、日頃から運転の経験がある人は想像しやすいと思いますが、昼と夜では環境は全く異なります。道路の明るさ、太陽の有無、太陽の位置（順光/逆光)、対向車の数、歩行者や自転車の数、対向車のライトなどです。また、晴れ、曇り、雨や霧など、天候によっても道路状況は大きく変わります。厳密に言えばAIはすべての道路状況を学習すべきなのです。しかし、それは現実的ではありません。すべての道路ごとにあらゆる環境のデータを収集することは現実的には不可能です。

しかし、シミュレーション上では道路の状況はスイッチひとつで変えられます。スイッチで天候や昼夜を切り替え、何億マイルものシミュレーション走行をクラウド上で行うことで、AIが十分な経験が得られるだけのデータを蓄積することを目指しているのです。

著者が「Trillion-Mile Reliability」構想とシミュレータの存在を直に聞いたのは、2018年春に開催された「GTC 2018」のことですが、翌年春の「GTC 2019」では、トヨタから大きな発表があり、業界がザワつきました。

具体的なシミュレータによるAI学習について、トヨタとNVIDIAが連携し、経験を学習したデータをオープンにすると明言したのです。そして、そのシミュレータを報道関係者向けに公開したからです。

ドライブシミュレータ「DRIVE Constellation」

NVIDIAは「GTC 2019」の展示会場で報道関係者向けにグローバルな説明会を開催し、自動運転技術「NVIDIA DRIVE」の現状と今後の予定の説明、そしてこの時のGTCで発表になったシミュレータ「DRIVE Constellation」と「NVIDIA Safety Force Field」についての解説や実演デモ等を行いました。

公開されたシミュレータ「DRIVE Constellation」

トヨタと共同開発し、シミュレータを一般に公開していく。

前述したNVIDIAの「DRIVE AGX」はほとんどすべてがオープンプラットフォームです。レースカーからトラック、乗用車やロボタクシーなど車種や用途はさまざま。アメリカだけでなく中国や日本、欧州など、多くの国のいろいろな自動車メーカー等との連携を既に発表しています。

各社が開発に活用する走行データが共有できるわけではないものの、オープン化によって、各社が開発してブラッシュアップされたプラットフォームが誰でも利用できるしくみをとろうとしています。

「DRIVE Constellation」（ドライブコンステレーション）のHIL（Hardware In the Loop）シミュレーションでは、DRIVE Constellation Simulatorに組み込まれたソフトウェア「DRIVE Sim」で様々なシーンを仮想空間内に再現し、仮想の自動運転車両が、「DRIVE Constellation Vehicle」に組み込まれた「実際の」自動運転コンピュータとソフトウェアを使用して走行します。すなわち、仮想空間で自動運転車が走行し、走行データによってAIが経験を積んで学習するためのトレーニングシステム、もしくはシミュレーションシステムと呼ばれるものです。

AIが自動運転技術を学ぶために、実際の道路で走行することは重要ですし、それがベストな方法であるものの、前述のように同じ道路を走るのにも雨天や雪の場合は条件が大きく異なることなどがあって、すべての街や道路に自動運転車が待機して雨が降るのを待つなどという状況は非現実的です。また、前を走る車が急ブレーキをかけたり、隣の車が幅寄せしたり、子どもや動物が道路に飛び出すなど、実際の道では再現できないケースや再現が困難な状況も、シミュレータならコンピュータの仮想空間の中で実現できます（テスト車両を他の車両や歩行者に、実際に衝突させるわけにはいきません）。同様に、実際の道路でごく稀にしか起きないような突発的な事態も、シミュレータ上であれば何度も繰り返し、かつ安全に検証を行うことができるのてす。

DRIVE Constellation が作り出すシミュレータ画面

ぱっと見ただけでは実際の景色と区別がつかないが、CGで作られた画面。

自動運転のAI自身は、データセンターにあるサーバのシミュレーション内で自分が走行しているということは知りません。実際の街や道路を走っていると思って、トレーニングを積むのです。更に、トヨタのTRI-AD等、導入する企業は複数台のシステムを導入し、同時に膨大な走行環境のトレーニングを行っていくとしています。

DRIVE Constellationの構成

DRIVE Constellationは2つのサーバで構成される。実際のサーバ構成がこの写真。下のコンピュータが「Constellation Simulator」。

NVIDIAのDRIVE Constellationは、2台のサーバを並べて構成したデータセンターのソリューションです。

DRIVE Constellationは2つのサーバで構成され、ひとつは「Constellation Simulator」と呼ばれ、膨大なGPUリソースを使用して「DRIVE Sim」ソフトウェアを実行します。そして、仮想世界の街や道路を作り上げ、その世界の中で走行する仮想の自動車からセンサーの出力を自動生成します。上掲写真の下のコンピュータが「Constellation Simulator」です。カメラやレーダー、LiDARなど、実際のセンサー類によって生成されたデータをもとに、バーチャルの世界でマッピング、道路や景色、空や天候、他の自動車や歩行者や自転車など、何千ものパラメータを仮想空間上に正確に表現することができます。

DIRVE Constellationはサーバールームに何台も同時に設置することができますが、これにより自動運転ソフトウェアの検証時間を短縮して、ソフトウェアが完成してから市場投入までの時間を大幅に短縮することが可能です。

もうひとつは「Constellation Vehicle」です。**前ページ**の写真では上のコンピュータがそれです。実際には走行データを収集したり、自動運転車に積まれたりするはずのAIコンピュータを再現したコンピュータです。自動運転で使用するAIシステムで、人や自動車、標識を理解し、自分がマップ上のどこにいるのか、道順も自分で決めて走行します。

アクセルを踏むのかブレーキを踏むのか、ハンドルを右に切るのか左に切るのか。――実際のテストでは、その結果が事故になることもありますが、シミュレータ上でその選択の判断が正しいのか、正確にできるかをデータとして得ることができます。シミュレーション環境とAI自動運転車のコンピュータが通信によって接続して、走行データのループ（繰り返し処理）が行われています。

そのループはハードウェア上で1秒に30回行われます。そうすることで、AIによって自動運転ができるようになり、いろいろな条件に反応できるようになります。このようなシステムの利点は、どんなシナリオでもテストすることができるということです。マウスをクリックして指定するだけで、雨や霧、夜、朝日が眩しい環境、視界が悪く危険なシナリオも試すことができます。実際の道でのテストでは、ほとんど何も起こりません。ただ走らせるだけのデータにしかなりませんが、DRIVE Constellationのデータをクラウド上で管理することで、何億マイルもの、さまざまな条件でのテスト走行のデータを得ることができます。

実際のDRIVE Constellationの画面

様々な天候、昼夜、渋滞など他のクルマとの交通状況が再現できる。

NVIDIAの担当者は、次のように解説しています。

危険な状況は、保険会社の実際のデータ等を使って設定されます。保険会社はこれまでの事故のデータをたくさん持っているからです。カーブの先は視界が届かなかったり、建物で死角になっていたり、太陽によって前が見えなくなったりします。その情報をシミュレータで再現して使います。また、これまで起きていないような危険という意味で言うなら、AIに状況をランダムに生成させてテスト走行をさせることも可能です。

デモで見せているのはカメラのデータだけですが、それは人が見て何が起きているのかすぐわかるためにそうしているだけで、実際にはカメラの映像以外にも、LiDARやセンサーの情報がグラフ化されていたり、スキャンされ可視化されたデータも生成されたりしていますし、学習用のサーバにも送られています。

コンピュータは疲れません。24時間走らせることができます。街や高速道路では走行速度が違いますが、毎時50マイル程度、1000台のDRIVE Constellationを使うと、120万マイルのテスト走行のデータを作ることができます。しかし、本当に大事なのは走行距離ではなく、様々な環境で事故回避や安全な選択をさせたテスト走行を繰り返すことです。ただ走り続けた距離のデータよりも格段に価値があると言えるでしょう。

GTC 2019の展示会場では、実車を模したシミュレータが組まれていて、DRIVE Constellationのデモを体験できるようになっていました。

トレーニングした結果を自動運転でテストするときには「パイロットシミュレータ」になります。オンにすると自動運転が開始され、シミュレーション上でシナリオを修正することもできます。実際にタブレットを使って、道路の環境を晴れから雨に、昼から夜へと切り換える様子が実演されました。

DRIVE Constellationは前述のとおり、実際の走行環境をもとに作られた仮想空間で、運転を再現できるシミュレータと車載用AIコンピュータが接続され、仮想空間のあらゆる環境下で走行を繰り返し行いながら何度もシナリオを試し、走行データの蓄積とトレーニングを行うシステムです。

GTC 2019でのDRIVE Constellationのデモ①

自動車の前に拡がっているのはDRIVE Constellationが作り出したCGの景色で、昼と夜、晴天、雨、霧などを切り替えることができる。

実際のデータ収集車と同様、トランクルームに「NVIDIA DRIVE」が搭載されている。

GTC 2019でのDRIVE Constellationのデモ②

運転席に座って自動運転シミュレータの体験ができる。自分で運転したデータから学習したり、トレーニングした自動運転システムを試したりすることも可能。

報道関係者向けのデモでは、AI音声エージェントとの連携も行われました。天気の情報を音声で尋ねると、AIエージェントは「今日のサンノゼの天気は華氏54度で小雨が降っています」と答えました。音声エージェントはフルスピーチがシステム・デザインされていて、自動運転のセットアップやシミュレータをコントロールすることも音声で行うことができます。

◆TRI-ADがNVIDIAと自動運転技術で連携を強化

トヨタとNVIDIAは自動運転の領域で以前から協力関係にありますが、NVIDIAは「パートナーシップではNVIDIA DRIVE AGXの活用や、Xavier AIコンピュータとNVIDIA、TRI-AD（トヨタ・リサーチ・インスティテュート・アドバンスト・デベロップメント）のチーム間の密接な開発に基づいている」とリリース上で語っています。

NVIDIAとしては、日本ではTRI-AD、アメリカではTRIとの連携を強化し、トヨタ自動車を含めて、開発から製品化まで自動運転車の製品化を更に加速したい考えです。そこで「GTC 2019」では、TRI-ADと自動運転車のシミュレータ環境を中心に技術開発を進展させることを発表しました。そして共同で開発した「Constellation」はオープンにすると発表、衝撃が走りました。

TRI-ADは、前述のとおり2018年3月に設立された企業です。トヨタ自動車とデンソー、アイシン精機による共同での設立です。

パートナーシップの内容は、主に次のとおりです。

① NVIDIA の GPU とプラットフォームを使用した AI コンピューティングのインフラストラクチャ
② NVIDIA DRIVE Constellation プラットフォーム（以下 Constellation）を使用したシミュレーション
③ DRIVE AGX Xavier または DRIVE AGX Pegasus を使った車載用 AV コンピュータ

Constellationはいわば、高精度なVR（仮想現実）やCG技術を使って、走行映像を作りだし、それを使って仮想空間の中で自動運転AIのトレーニングやテストを行うためのシミュレータ・システムです。

GTC 2019での発表で最も衝撃だったのは、Constellationが一般に公開されるオープンプラットフォームになることです。オープンという言葉に対して会場ではどよめきが起こりました。それは、開発を行うトヨタはもちろん、トヨタ以外の企業も膨大な走行データを学習した「成果」を利用することができ、NVIDIA製品を使って自動運転車の開発を急速に進めることができるようになることを意味します。自社で蓄積したビッグデータは囲い込むのが定石ですが、それを学習したAIの精度は広く活用できるようになる可能性があります。

第4部
変わりゆくクルマ社会

自動運転と社会の関係

第３部では、自動運転に必要な技術を、特に人工知能（AI）との関連で整理しました。

これに対して第８章では、自動運転に求められる課題を社会的な観点から見てみましょう。

8-1 完全自動運転になったら何をして過ごしたい？

完全自動運転が実現した未来、私たちは走るクルマの中でハンドル操作をする必要がなくなります。ではその代わりに何をして、どのように過ごしたいですか。消費者に新たに生まれるこの時間をめぐり、既にエンターテインメント業界の市場争いは始まっているとも言えます。

くつろぎながら娯楽を楽しみたい

国内マーケティングリサーチ企業の株式会社インテージは、完全自動運転の実現によって変化するドライバーの姿と、求められるクルマへのニーズについて、全国15歳～79歳の男女約7万人を対象に調査を実施し、同社が持っているさまざまなデータと合わせた分析結果を2019年12月に発表しました。

現時点ではまだ見ぬ世界の話ですが、想像して聞きます。

完全自動運転の車内でしたいことは、何ですか？

読者の皆さんの多くは、その答えは現在のバスや電車の中での過ごし方の延長にあり、環境としてはタクシーに似ているだろう、と想像したかもしれません。

調査結果では、性別·年代（年齢層）·自動車に対する価値観がいろいろとある中、生活者にとって完全自動運転車は「ゆったりとくつろげる空間という快適性を備えている」ことがマストであることがわかりました。

◆自動運転車内でしたいこと

その上で、車内でしたいことについては、年齢層によって異なる結果が出ています。若年は映画やゲームなどの娯楽がより楽しめる要素を望み、30～40代には寝心地のよさ、飲食しやすいような環境が求められている、としています。

完全自動運転の車内でしたいことは「風景を見る」「音楽を聴く」「同乗者との

会話」など、これまでは運転していたので集中できなかったことを楽しみたいという回答が多くみられたようです。年代別で見ると、20代以下は「映像鑑賞」「歌を歌う」「ゲーム」などにも関心が高く、移動時間をより楽しく、アクティブに過ごしたいという傾向が読み取れます。その一方で、30～40代は「仮眠、睡眠」「食事、間食」のポイントが高く、限られた時間を有効に過ごしたいという異なる価値観が垣間見えています。

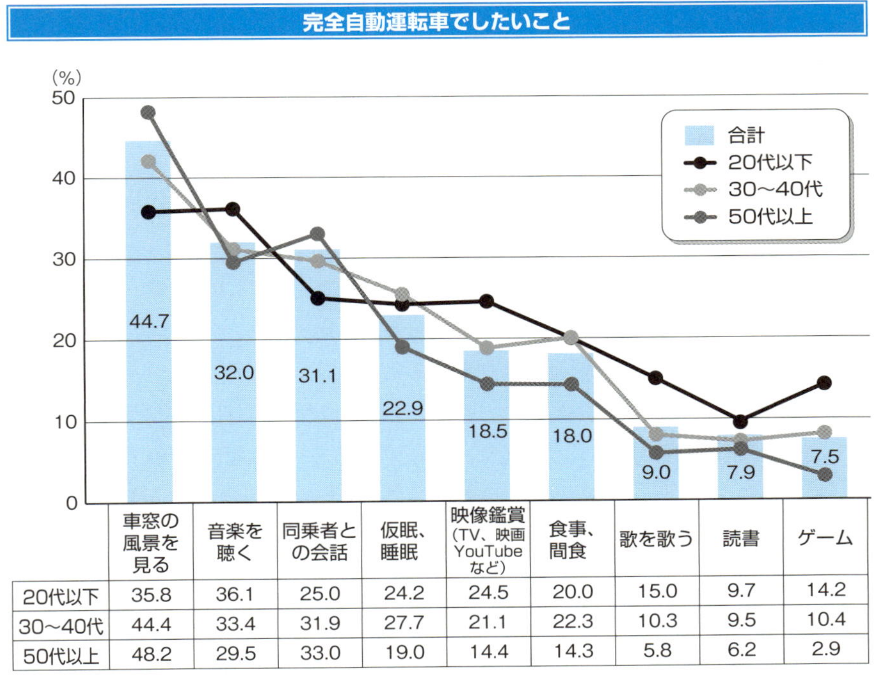

	車窓の風景を見る	音楽を聴く	同乗者との会話	仮眠、睡眠	映像鑑賞（TV、映画 YouTube など）	食事、間食	歌を歌う	読書	ゲーム
20代以下	35.8	36.1	25.0	24.2	24.5	20.0	15.0	9.7	14.2
30~40代	44.4	33.4	31.9	27.7	21.1	22.3	10.3	9.5	10.4
50代以上	48.2	29.5	33.0	19.0	14.4	14.3	5.8	6.2	2.9

データ：インテージ自主企画調査
※回答はマルチアンサー　合計の回答割合が多い順でソート

▼消費者が望む傾向

- 自動運転車内でしたいことは
  「風景を見る」
  「音楽を聴く」

「同乗者との会話」

- 若年は「エンタメ」志向、多忙なミドル世代は「睡眠・食事」
- 自動運転に対して積極層（＝利用したい）と消極層（＝自分で運転したい）はいずれも全体の 3 割台
  消極層は女性より男性が多く、60 代の割合は積極層より小さい

ただしこれらは、前述したように、現在の自動車や公共交通機関での過ごし方から連想している選択肢の中からの回答であり、将来のビジネスを考える上では、この結果をヒントにして、今までにない過ごし方を提案することが大切です。

女性より男性の方が自動運転に消極的

自動運転の消極層は女性より男性が多く、高齢者は積極層が多い、という結果が出ています。

同じ調査で、完全自動運転の実現をどのように受け止めているかの調査も行われています。

「運転操作が不要な自動運転機能が実現したら利用したい」と答えた「積極層」は35.6%と、高くはない数値です。逆に「運転操作が不要な自動運転機能が実現しても自分で運転をしたい」と答えた「消極層」は31.5%で、完全自動運転に対して積極的な人と自分で運転したい人がほぼ同じくらいの割合だということがわかりました。

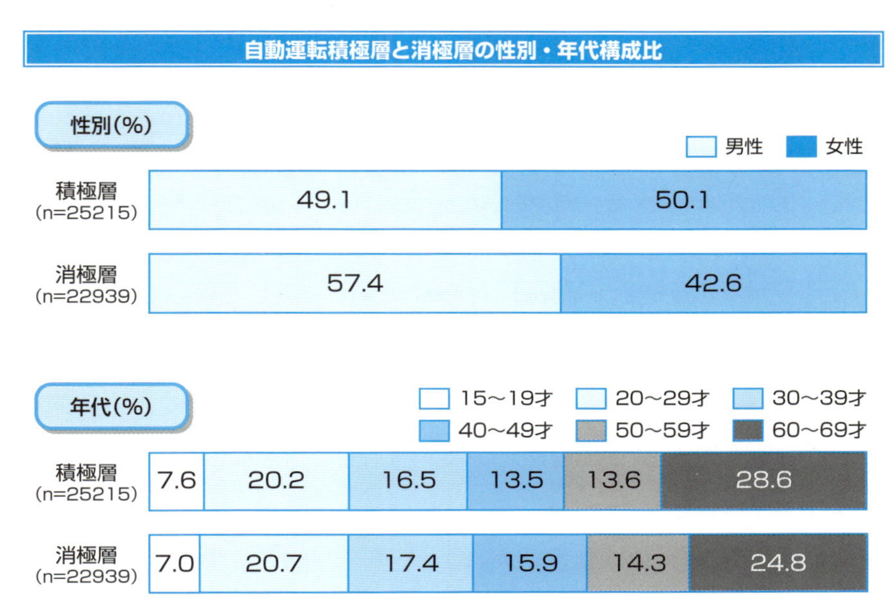

データ：インテージ生活者360° Viewer

「自動運転の積極層」は「手間がかからないクルマに乗りたい」という意見が多く、続いて「安心できるクルマに乗りたい」という意見が多く見られます。「積極層」を下支えしているのは「自動運転車が安全である」という前提だと感じます。

一方の「消極層」は「クルマを運転することが楽しい」「自分の好みに合ったクルマを選びたい」といった、自動車に対して楽しさや憧れを反映した意見も多く見られることにホッとする思いがします。

自動運転積極層と消極層の自動車に関する価値観比較

	積極層	消極層	差分
クルマは目的地までの移動手段のひとつでしかない	48.5%	31.9%	16.6
コストに見合う利用をしないならクルマを所有しなくてもよい	46.6%	31.7%	14.9
自分や家族の運転技術に不安があっても安心できるクルマに乗りたい	69.1%	56.3%	12.8
メンテナンスや汚れなど維持に手間がかからないクルマに乗りたい	71.8%	62.2%	9.6
クルマは自分の意思ではなく子どもや両親など家族のニーズにあわせて買うものだ	40.2%	33.4%	6.9
社会や環境に配慮したクルマを選びたい	56.1%	49.4%	6.7
デザインや性能よりも価格でクルマを選ぶ	31.5%	25.1%	6.5
先進性を感じられるクルマに乗りたい	36.5%	31.2%	5.2
必要最低限の機能や性能が備わったクルマがよい	49.7%	46.1%	3.6
地位やステイタスをあらわすクルマに乗りたい	21.6%	22.0%	-0.4
クルマがあることによって体験できる幅が広がる	68.2%	75.5%	-7.3
クルマがあることで家族や仲間と楽しい時間が過ごせる	60.9%	68.5%	-7.6
たくさんの中から自分の好みにあったクルマを選びたい	62.8%	72.9%	-10.1
クルマはちょっとした遊び道具のようなものだ	32.1%	42.3%	-10.2
クルマは自分らしさを表現するものだ	34.0%	45.4%	-11.4
クルマには所有する喜びや誇りがある	38.0%	51.8%	-13.8
クルマはひとりの時間や空間を楽しめるものだ	42.2%	56.8%	-14.6
クルマは日常のプレッシャーから解放されたり気分をリフレッシュできるものだ	37.8%	52.7%	-15.0
操る歓びを感じられるクルマがよい	33.1%	51.6%	-18.4
クルマを運転することは楽しい	40.8%	69.3%	-28.5

サンプルサイズ：積極層 n = 26387 消極層 n = 24093
データ：インテージ生活者 360° Viewer

完全自動運転中に車内で求められるサービスは？

同社は数百項目の生活意識アンケート結果をもとに多変量解析を行い、10テーマ80種の因子で生活者の特徴として、積極層と消極層の生活価値観をスコア化した「生活者のDNA」（顧客のDNA）というデータも公表しています。また、積極層に焦点を当てて、完全自動運転中に車内で求められるサービスや商品開発のヒントとなる特徴的な項目を抜粋しています。

その結果として同社は「積極層は買い物に特にこだわりが強いわけではないが、消極層よりブランド感や特別感など、情緒的価値を重んじる傾向にあること」「人付き合いはより控えめで、個人の時間を大切にしていることがうかがえ、食や調理に関しては簡便志向が強くなっている」と分析しています。

- 積極層の価値観：購買面では消極層に比べ「ブランド感」「特別感」重視。食や調理は「簡便志向」
- 積極層と消極層とで購入経験率の差が最も大きな消費財アイテムはプレミアム・アイスクリーム

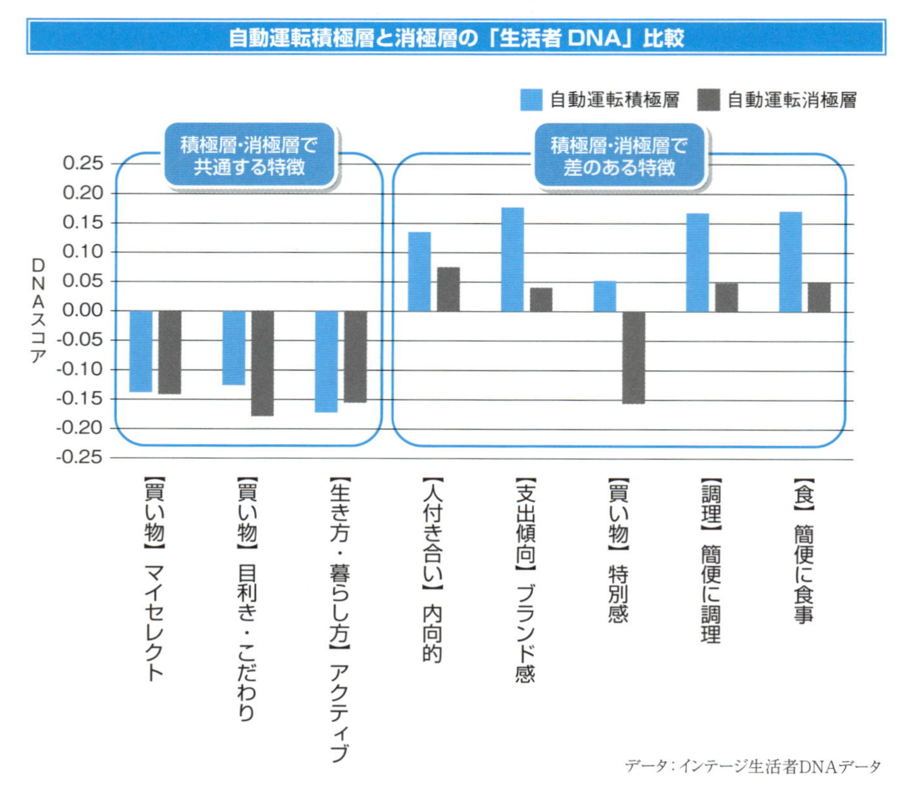

データ：インテージ生活者DNAデータ

実際、この2つの層が買っている商品の違いはあるのか、同社の消費者パネルデータSCI（全国消費者パネル調査）で、2018年度の消費財購入経験率より比較したところ、購入経験率の高いトップブランド群（234ブランド）の中で、自動運転積極層と消極層とで最も差が出た商品は某プレミアム･アイスクリームでした（積極層が29.2%、消極層が24.4%と、4.8ポイント差）。

この調査では「自動運転車の車内、流れゆく車窓の景色を恋人と眺めながら、プチ贅沢なスイーツを楽しむ」、飲料・食品業界であればそのようなコンセプトの商品が、またエンタメ業界であれば「長旅のひととき、映画館よりも上質なシートと音響に包まれて、大好きな映画を心ゆくまで」といったコンセプトのサービスが、移動する人の支持を得るかもしれないと結論づけています。

使用データ

・**【耐久消費財・サービスに関するWebアンケート調査】**

全国15歳～79歳の男女72,770人に対して行った、耐久消費財・サービスに関するWebアンケート調査。調査時期は2018年6月。

・**【SCI（全国消費者パネル調査）】**

全国15歳～69歳の男女50,000人の消費者から継続的に収集している日々の買い物データ（※SCIでは、統計的な処理を行っており、調査モニター個人を特定できる情報は一切公開していない）

・**【生活者のDNA（顧客のDNA）】**

数百項目にも及ぶ生活意識アンケート結果をもとに多変量解析を行い、食や買い物への意識など、10テーマ80種の因子で生活者の特徴をスコア化したもので、あらゆる角度から生活者の意識に迫ることができるデータ

8-2 変わりゆくクルマ社会と日本の課題

技術的にはどんどん進化している自動運転ですが、乗り越えなければならない人間的・社会的な課題もあります。

自動運転社会の障害や課題

もしも自家用車が公道を走っていなかったとしたら……、自動運転の公道での走行はもっと簡単に実現できるでしょう。自動運転車が普及する社会が実現したとすると、交通の邪魔になるのはコンピュータにとって予期せぬ動きをする**有人の自動車**だからです。

トヨタはかつて、ラスベガスで開催されたCES 2016において、複数の小さなプリウスの模型がディープラーニング技術を使ってぶつからずに走る自動運転をデモしました。ディープラーニングやIoTの研究を行う株式会社Preferred Networks（プリファードネットワークス、PFN）との共同開発によるもので、当時とても話題になりました。

自動運転のプリウスの模型は、もちろん最初はあちこちでぶつかり合っていました。そこでシステムにぶつからないように止まって譲り合ったり、回避したりすることをディープラーニングによって機械学習させました。その結果、プリウスの模型はやがてお互いにぶつからないように走ることを学習しました。しかし、この整然とぶつからずに走る自動運転車のデモの中に、人間が操作するラジコンカーを入れたとしたら、周囲の自動運転車は混乱してぶつかるのです。その理由は、**人間の操縦はシステムにとって理解できない気まぐれな行動をするから**です。

これと同様に一般の公道でも、**自動運転にとって最大の障害となるのは他のクルマ**です。自動運転車同士は通信しながら安全を確保して譲り合って走るでしょう。

しかし、自分の意思をもって、ある意味気まぐれに走る、**つながっていない人間が操縦するクルマは脅威**なのです。もちろん歩行者や自転車も大きな課題ですが、通行区分を規制すればルール化（構造化）は難しいことではありません。

その点では、東京のお台場は、車線が多い道路と人間の歩行区間がかなり明確に分離されています。自動運転車専用レーンや優先道路が明確に作りやすく、バスやタクシーなどの自動運転車専用レーンも作りやすいと言えます。これから新たに整備されるニュータウンも同様で、災害復興で新たな街づくりを行う場合もこれを加味することが重要かもしれません。

それによって従来の有人運転車が走れる道路が端に追いやられていくかもしれません。

有人自動車の自動車保険料は割高になり、走れる範囲も制限されるとなれば、移動手段としては自動運転車の方が便利で効率的、そして安価になります。必要なときにスマートフォンでクルマを呼ぶと５分程度で無人自動車が迎えに来てくれれば、車庫のスペースも駐車場の費用も、もろもろの維持費も不要で、しかも便利です。

こうした背景からも、クルマが一家に一台という時代は終わり、自動運転タクシーやカーシェアが台頭すると、自動車の販売台数は激減していくとともに、社会生活だけでなく、産業構造にも大きな変化が起こることが予想されているのです。

法的な課題

多くの企業や大学・団体が研究、開発を競っていることもあり、自動運転の技術は目覚ましく進歩しています。しかし、実現には法律や条例が大きな壁となっている部分もあります。簡単に列記してみましょう。

◆固定的な旅客運賃制度

ここまで解説してきた通り、早急に自動運転の実用化が求められている分野は公共のバスです。公共交通は多くの人が利用しやすいように、比較的固定的な旅客運賃制度が設けられています。もちろん悪いことではないのですが、これに縛られ過ぎると企業がビジネスとして参入したり、運営したりすることが難しくなります。

鉄道を例に挙げると、国土交通省が明示している旅客運賃制度には、

- キロ当たりの賃率に乗車区間の営業キロを乗じて運賃額を計算する「対キロ制」
- 一定の距離を基準として区間を定め、乗車区間に応じた運賃を算出する「対キロ区間制」
- 営業路線を概ね等距離に区分できる駅を基準として２以上の区間に分割し、区間に応じて運賃を算出する「区間制」
- 乗車キロに関係なく運賃を均一とする「均一制」

の４つがあります。

いずれにしても運賃が固定的であり、公共交通機関としてある程度の上限があり、鉄道やバス会社がコストや需要に合わせて料金をフレキシブルに設定することには制限があるのです。

一般社団法人ブロードバンド推進協議会が主催する「MaaSを日本に実装するための研究会」において、MONET Technologies株式会社（ソフトバンクとトヨタ自動車などの共同出資会社）も、固定的な旅客運賃制度を大きな課題としてとらえています。「オンデマンドバス」は路線バスの効率性とタクシーの快適性を両立するものですが、料金の設定には頭を悩ませています。というのも、バスは１人あたりの運賃設定になっていて、タクシーは移動距離による料金設定になっています。オンデマンドバスは利用者にとっては路線バスとタクシーの中間で、好いとこ取りをするものでありながら、価格設定では自由度が限定的で中途半端、ビジネスとして運営が難しいものになりかねません。

オンデマンドバスの料金設定

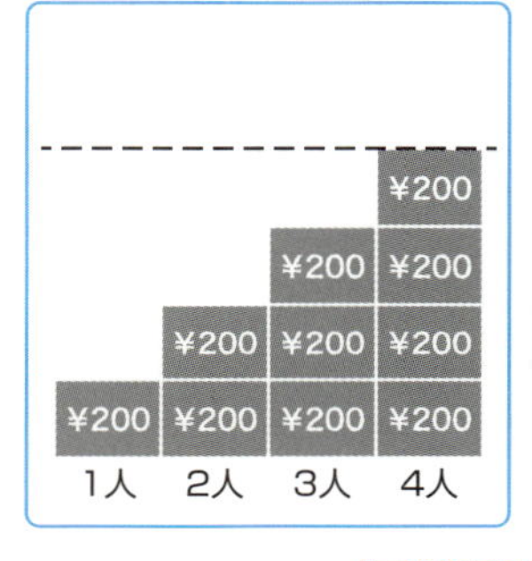

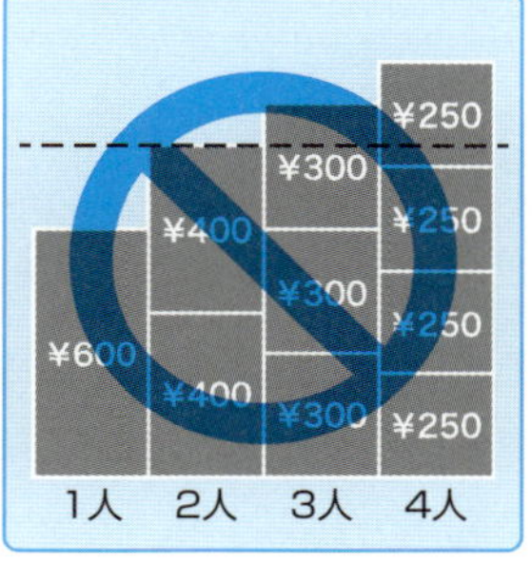

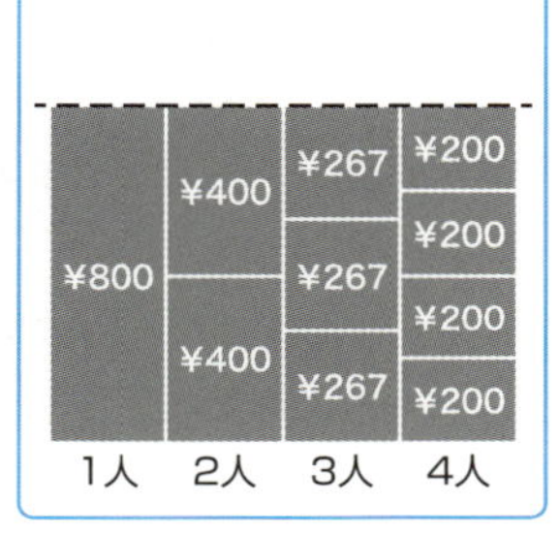

価格設定における自由度が限定的

オンデマンドバスの料金設定は、自由度が限定的で難しい。

出典 MONET Technologies

SBドライブもこの課題に対して同様の難しさを語っています。今後、自動運転バスが普及したとしても、固定的な旅客運賃中心の利益構造では、高額な初期投資が必要な自動運転バス事業の運営は厳しい、と感じるところが出てくるのではないかと指摘しています。

この課題の解決には、例えば地方のバス会社であれば地域の観光パックに組み込んだり、イベント料金にシャトルバスを積極的に含めたりするなど、旅行やイベントにバス運行を組み込むような新しいビジネスモデルの展開が必須で、その意味で政府の補助や連携などの検討が重要だと考えられています。

また、タクシーの場合はタブレット等を使った車内広告が新しい収益源として注目されるようになってきましたが、これも新しいビジネスモデルの創造と言えます。バスやタクシーに乗車している時間を利用して、乗客が何かを楽しむ等、新しいビジネスを創生できるような環境づくりはむやみに規制せず、検討する余地を残すことが重要です。

◆客貨分離から貨客混載へ

「**貨客混載**」とは、旅客と貨物を同一の輸送で運行する形態のことです。「貨物」とは乗客が持ち込む荷物をさすのではなく、宅配や配送、輸送などのための物品です。例えば、路線バスは乗客を輸送するための自動車であり、宅配便の貨物自動車は貨物を輸送するための自動車として明確に区分されています（客貨分離）。従来は法律でもそれらを分けて申請するなどを行ってきましたが、次世代の交通システムにおいて、それは非効率的な制度だと考えられています。

例えば、自動車を運用する立場から見ると、通勤通学の時間帯はたくさんの乗客を乗せてバスを運行し、昼間は宅配便の配達、夜間から深夜は集荷や中距離の貨物輸送に利用すれば、車両利用の効率は良いのです。高齢化社会を迎え、午前中はデイケアサービス送迎のニーズもあるかもしれません。

トヨタのe-PaletteやMONET Technologiesの構想では、いくつかの用途のクルマを１台が兼用することで、効率的な運用を目指しています。

車両のマルチタスク化（再掲）

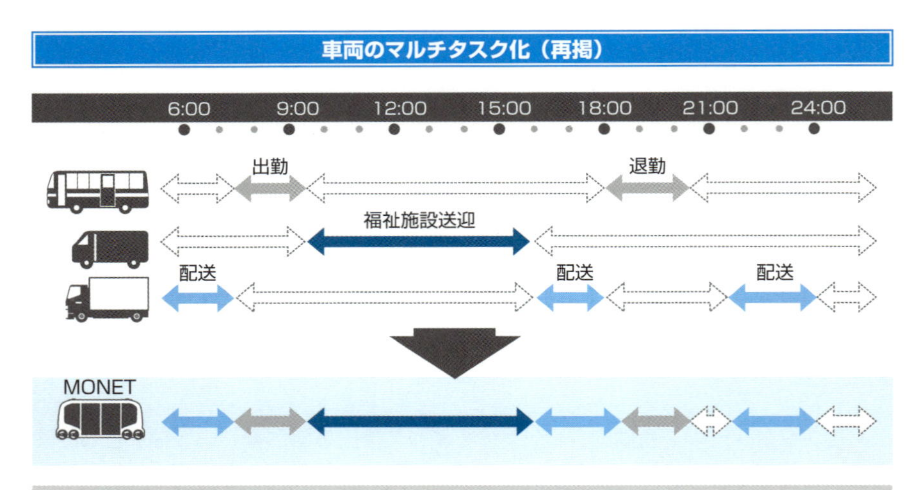

１日に自動車が利用される例。路線バスは通勤通学時、福祉送迎バスがお昼、配達用車両が朝・夕・夜間に利用されている場合、１台のクルマで運用した方が効率良く、維持費用も安く済む。

出典　MONET Technologies

しかし、乗客が乗るときは座席が必要で、荷物輸送の際はできるだけフラットな貨物スペースが必要など、用途によってクルマに必要な装備、インテリアやエクステリアは異なります。e-PaletteやMONET Technologiesでは、それらのモビリティの内装を用途によって最適で快適な空間に替えることを構想として持っています。また、1台のクルマで簡単にそれらの用途に合わせた空間に替えられるようにすることも考えられています。

用途に合わせてクルマを替える

移動における新たな価値創造

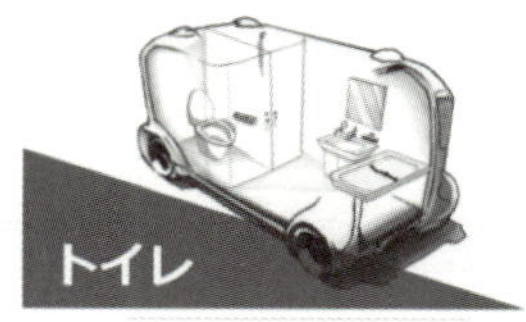

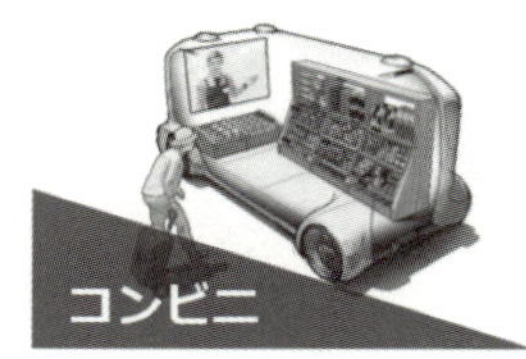

MONET　サービサー企業

さまざまな内装の車両を用意するとともに、それらを比較的簡単に入れ替えて、多用途に利用できるクルマの構想もある。

出典　MONET Technologies

現在は、貨物自動車に乗客を乗せることには制限があったり、ドライバーが兼用できなかったりする課題も一部で見られます。一方で旅客鉄道に宅配便の荷物や貨物を混載する動きや、まずはワンボックス形状のオンデマンドバス（タクシー）に宅配用の荷物を混載して輸送するという動きも出はじめています。実証実験レベルでは特区や特例で行われている地域もあり、法と環境の再検討を希望する声も上がっています。

◆移動する店舗と地域的な許認可制度

e-PaletteやMONET Technologiesが提唱しているモビリティ社会では、モビリティ型の「店舗」が顧客のニーズに合わせて移動します。しかし、その部分にも現在のしくみでは課題があります。

例えば、飲食店や薬局など許認可が必要な業務では、地域で認可しているものも少なくありません。これは店舗が不動産であるという前提に立っているもので、店舗の場所が自在に変わることは想定されていないためです。

また、同じ神奈川県であっても、川崎市で認可を受けて営業している同様のことを横浜市で行うには、横浜市でも認可を取得しなければならないという課題です。こうした状況も、時代や社会に合わせて柔軟にしくみを変えていく検討を行う必要があるでしょう。

移動する店舗

不動産から可動産へ

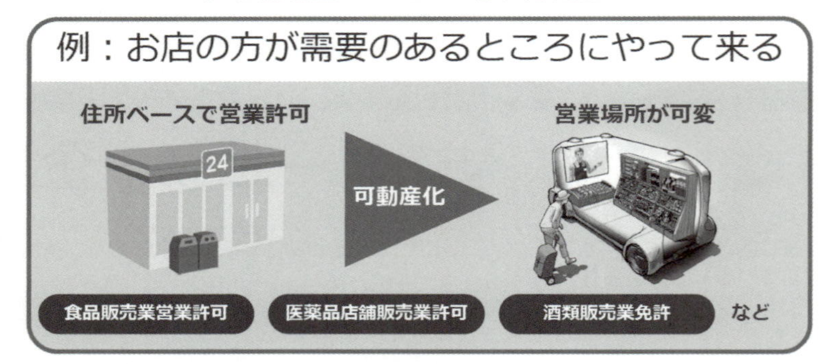

自治体横断・省庁横断の制度・運用の枠組み

移動する店舗の実現には、地域を越えた認可制度の議論が不可欠。

出典　MONET Technologies

MaaS/CASE 共通のプラットフォームの必要性

MaaSの構想としては、鉄道、バス、タクシー、カーシェア、レンタサイクルなどの交通手段をシームレスに連携して、情報を提供したり、新しい価値を作ったりしようとしています。この取り組みは業界全体で進めているものの、ICT業界から見ると「プラットフォームのオープン化への動き」が足りないと感じています、

CASEで重要なコネクテッドカーでも、メーカーや車種を超えて、アプリやデータの共有がなければユーザーに満足度の高いサービスを提供することはできません。自動運転におけるV2VやV2Xでも同様です。しかし、**標準化**の動きは遅れている印象です。

◆シナジックモビリティ、シナジックエクスチェンジ構想

「MaaSを日本に実装するための研究会」において、名古屋大学未来社会創造機構モビリティ社会研究所教授の河口信夫氏は、日本にはMaaSの導入に関わる多数の課題が存在していると述べ、MaaS普及のためにはデータやAPI（異なるプログラム間で連携するインターフェース）を開放し、オープンイノベーションを可能にするプラットフォームの存在が重要だとしました。そしてその上で、需給交換でスマート社会の構築を目指す「**シナジックエクスチェンジ構想**」を提案しました。

河口教授は、MaaSを実装するために最も重要なことは「**プラットフォーム**」の存在であり、新しい「**アーキテクチャ**」（構造）だとしています。交通手段やそれに付随するサービス等の情報は共有されるべきですが、一方で特定の企業や交通会社がデータやプラットフォームのシステムを寡占・独占する形では市場がうまくいかないことにも着目する必要があります。

また、公共交通においては、自治体の役割が大きいため、プラットフォームを自治体が持ったり、先導したりしていくべき、としています。

シナジックモビリティのホームページ

コンセプトやプラットフォームの持つ重要性がわかる（https://synergic.mobi/）。

そのうえで、河口教授は「**Synergic Mobility（シナジックモビリティ）の創出**」を提案。日本の社会課題は、少子高齢化が労働力不足に繋がり、過疎化が交通弱者の増大を招くことへの対策が急務であることです。さらには社会インフラの老朽化から点検コストが膨らむことも深刻な社会問題です。これらを踏まえると「自動運転社会になると移動するのは人だけでなく、モノ、サービス、データなど、様々なものの移動をモビリティが担っていく。シェアリング・エコノミーの発想では間に合わない、シナジーによる超効率化が必要」と説明します。

例えば、未来のコネクテッドカーは人を乗せて走りつつ、車内で遠隔診療を行い、同時に配送の荷物も運び、道路をセンシングしてモニタリングを行い、天候や渋滞情報を発信することで、数倍の効率的な運用を目指す考えです。

◆超スマート社会の実現を目指す

公式ホームページでは「超スマート社会の実現を目指し、『自動運転技術』によって実現される新しい社会のカタチです。自動運転車両の運行管理を集中・共有化して、『ヒトの移動』のみならず、『モノ・サービスの移動』を実現、さらには『実世界データからの価値創造』で社会を支える新しいサービスプラットフォーム。それが『シナジックモビリティ』です」とつづられています。

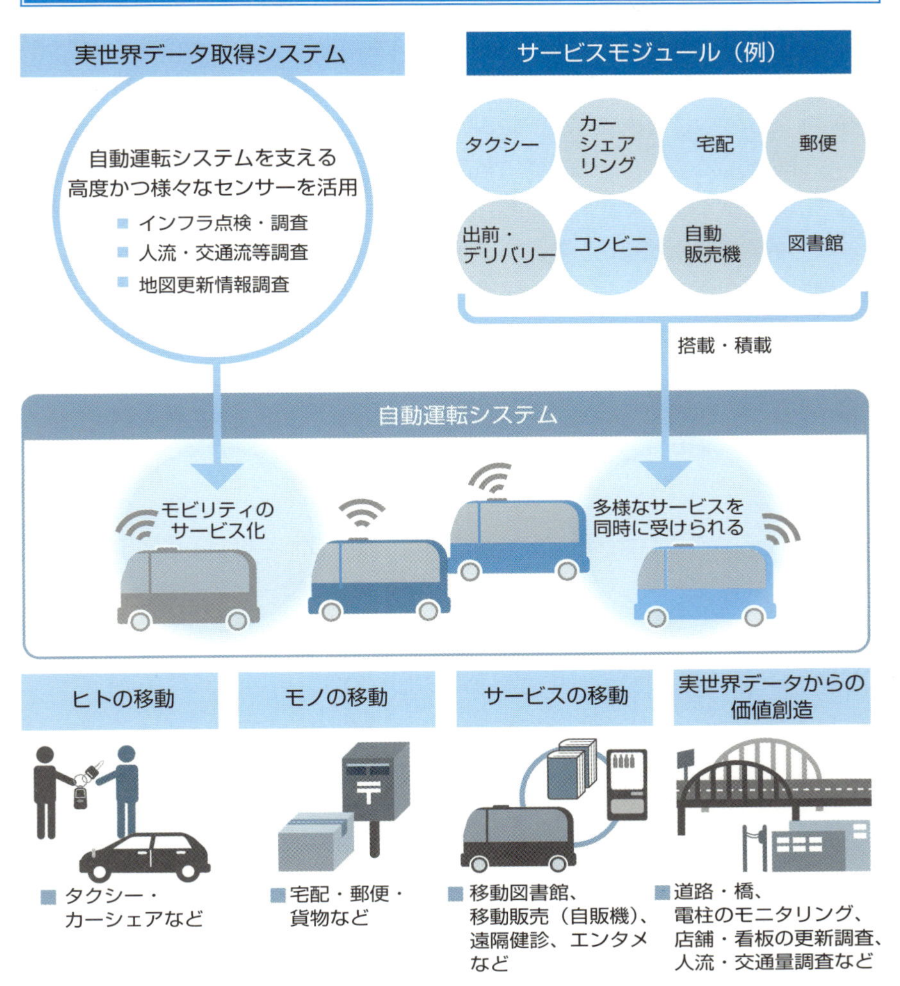

出典　シナジックモビリティ（https://synergic.mobi/）に基づいて作成

河口教授は「プラットフォームの寡占・独占からはイノベーションが生まれない」とする一方で、「多数のサービサーが乱立した場合、ユーザー視点で見ると本来のサービス連携が実現できていないと感じる」ことにも注目しています。

例えば、タクシーの配車アプリは既に多数が乱立していて、ひとりのユーザーが複数のタクシー配車アプリを使う状態になりつつありますが、それにも関わらず目の前にいるタクシーを拾うことが簡単にできないという現状もあります。「情報やデータは集約して公共財的に適切に利用され、どのルートでどんな交通機関を利用していくのかは様々なアプリ（プロバイダ）が自分たちの強みを活かした機能とサービス内容で提供することで、ユーザーが抱える交通や移動に関わるさまざまな問題を解決するソリューションを目指すべき」としました。

また、移動やモビリティは目的ではなく手段。病院に移動する人は病院に行きたいからではなくて医師に診察してもらいたいから移動します。その意味では医師の方が移動してくることも手段のひとつ。「何か食べたいと思ったら、レストランに行くだけでなく、食事をデリバリーしてくれたり、コックさんが来てくれたりするなど、いろいろな手段やサービスがあっていい。人やモノを移動するモビリティサービスだけでなく、サービスが移動するモビリティによるサービス、モビリティを使うサービス、移動した先でのサービスなど、それらすべてをモビリティに関するビジネスとして拡大することができる」と話しました。

第4部
変わりゆくクルマ社会

第9章

クルマ社会の変革を支えるテクノロジー

自動運転は「未来の技術」ではなく、既に実社会の中で実用化されつつあります。コネクテッドカーを巡る最新技術の利用動向を見ておきましょう。

9-1

コネクテッドカーとIoT

IoT（モノのインターネット）は、自動運転と密接な関係にあり、相乗効果で発展しています。

iPhoneやAndroid端末をクルマで操作

iPhoneやMacで知られるあのアップルが、クルマ用のOSを提供していることはご存じでしょうか。「CarPlay」という名前で2014年に発表されました。使用するにはiPhoneが必要で、対応する車種、または対応しているカーナビが車載されていれば、iPhoneと連携して利用できます。日本語のホームページも用意され、「現在500を超えるモデル（車種）」が対応していることが案内されています。

「CarPlay」の公式ホームページ

右は以前のデザインの画面例

出典　アップル（https://www.apple.com/jp/ios/carplay/）

まるでダッシュボードの中にiPhoneの画面がそのまま入ったような光景ですが、そのイメージでそれほど大きな違いはありません。タッチで操作したり、音声でSiriと会話して、マップやナビ機能を使ったり、音楽を聴いたり、カレンダーを登録・

確認したり、ショートメッセージを音声で入力して送ったり、通話したり……。カーナビがスマートフォンやタブレットっぽくなって、ナビ機能以外にもできることが増えたと考えるとわかりやすいかもしれません〔実際にiPhoneにケーブルや無線で接続して使用し、追加のCarPlay対応アプリもiPhoneにインストールします（車種によって接続方法は異なります）〕。

前述のように、公式ホームページでは「選べる車種は500以上」と書いてあり、対応車種が掲載されていますが、ほとんどが2020年モデルのため「これから始まる」という印象はぬぐえません。Googleにも同様に「Android Auto」があります。

CarPlay 対応車種（日本）：トヨタの例（2019 年 12 月時点）

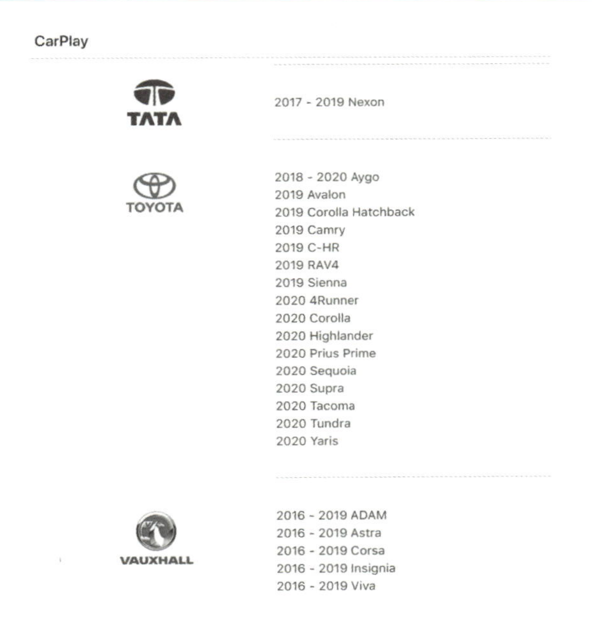

出典　アップル https://www.apple.com/jp/ios/carplay/available-models/

アップルとグーグルが自動車用の機能に注力するのは「IT業界の巨人がカーナビ市場に参入」ということではなく、インターネットの接続デバイス、端末としてのクルマ「**コネクテッドカー**」社会を自社の車載用OSで確立することが目的です。

コネクテッドカーと IoT

第1章でも解説しましたが、「コネクテッドカー」とは、一般にインターネットとの通信機能が付いた自動車を指します。しかし前述のように、乗員が持ち込むiPhoneやAndroidの通信機能を使うことで、インターネットのサービスを利用できる自動車もコネクテッドカーと呼びます。また、今後はインターネットに限らず、車車間通信（V2V）や信号機や道路などのインフラと通信するものもコネクテッドカーに含まれるようになるかもしれません。

クルマ側からインターネットのサービスを利用できるようになり、様々な情報を得ることで格段に便利になります。また、情報はネット側から得るだけでなく、クルマが持っている情報もインターネット側に提供し、データ共有することでサービスの充実や安全に貢献できることも忘れてはいけません。その意味で、コネクテッドカーは「**IoT**」（Internet of Things）のひとつです。

自動車の位置情報（GPS）や走行履歴、各種センサーの情報などがクラウドに送られ（**プローブデータ**と呼ばれます）、その情報は安全性を高めたり、効率的な運転を支援したり、盗難時に追跡するため等に利用されます。これらは「**テレマティクス**」とも呼ばれます。テレマティクスとはテレコミュニケーション（通信）とインフォマティクス（情報工学）の造語です。海外ではこの情報を元に自動車保険料が変わる「テレマティクス保険」などの導入も進んでいます。

トヨタの車載通信機「DCM」

トヨタは、2018年6月に販売を開始したクラウン及びカローラスポーツを皮切りに、コネクテッドカーの本格展開を開始しています。今後国内で発売するほぼすべての乗用車には車載通信機「**DCM**」（Data Communication Module）を搭載する予定です。

トヨタのDCMは、高速データ通信と音声通話が可能な車載通信モジュールで、テレマティクスサービス用に開発された車載タイプの通信モジュールです。パソコンやスマートフォン等と同様にCPUが搭載され、音声通話と高速データ通信が可能です。

DCMのモジュール内構成

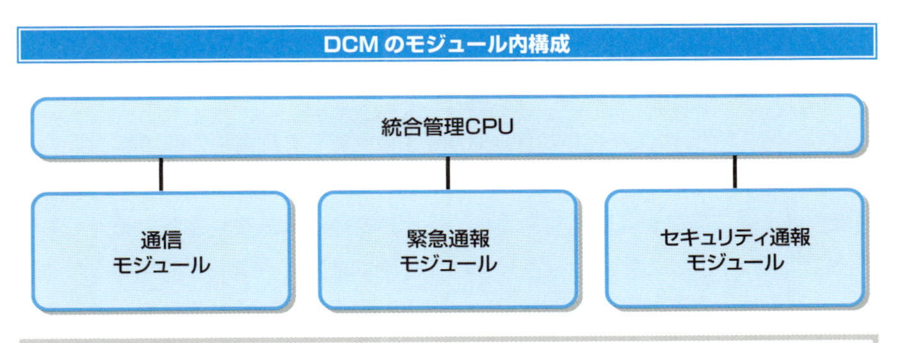

DCM（Data Communication Module）は、統合管理するCPUの配下に音声通話と高速データ通信モジュール、および緊急時の通報モジュールで構成される。

出典　トヨタ自動車

また、セキュリティアラーム機能を持ち、緊急時や盗難時にデータを発信する通報モジュールが組み込まれていて、アラーム通知メールをトヨタスマートセンターに通知する機能もあります。例えば、車両盗難時にトヨタスマートセンターに連絡すると、要請に基づいて車両位置をトラッキング（現在位置の表示）することができます。トラッキングデータを警備会社に送信することで警備員を現地に派遣することも可能です。

▼DCMの５つのメリット

DCMが搭載されることで、常に通信が可能となり、スマホなどの通信機を持っていなくてもトヨタのコネクティッドカーサービス「T-Connect」が利用できます（2019年11月時点）。

①通信接続の作業がいらない
②セキュリティサービスが利用できる（マイカー Security）
③常に道路情報を自動更新できる（マップオンデマンド）【DCMパッケージの場合のみ】
④基本料金を支払えば、サービスは使い放題【初年度無料、継続・中途 13200

円 / 年（税込)】
⑤ワンタッチでオペレーターに接続できる（通話料は基本利用料金に含まれる）
【DCM パッケージの場合のみ】

ウェザーニューズとトヨタの連携

コネクテッドカーをIoTとして有効活用しようとする実証実験の例があります。

首都高速道路株式会社の「晴天・雨天別の事故件数の比較」によると、雨天時の事故率は晴天時の約４倍とも言われ、降水の有無は車の安全運転に大きく影響することがわかっています。しかし、降水エリアの把握や予測によく用いられる雨雲レーダーは、対流圏下層（上空 2km 以下）の雨雲が降らせる雨や、霧雨のような小さな雨粒による雨は捉えることができないという弱点があります。そのような場合、降水エリアを正確に把握することは従来の技術では困難でした。

そこで、ウェザーニューズとトヨタが取り組む共同研究の一環として、2019年11月1日より11月末まで、対象地域を走るトヨタのコネクテッドカーから得られるワイパーの稼働状況をマップに可視化し、実際の気象データと照らし合わせる実証実験を行いました。

トヨタは、前述のように今後国内で発売するほぼすべての乗用車に車載通信機（**DCM**：Data Communication Module）を搭載していく予定です。ウェザーニューズは、全国約1.3万地点の独自の観測網に加え、ユーザーから届く1日18万通もの天気報告を活用することで、高精度な天気予報を実現していますが、それを連携して今までより詳細な降雨情報を取得しようという試みです。両社は共同研究を通して、気象データとコネクテッドカーから得られる車両データより、レーダーで捉えられない降水や実際の降水強度など、道路及びその周辺の状況を正確に把握することで、「いざという時に役に立つ」情報として広く提供し、状況に応じた運転者への注意喚起を行い、ドライバーのさらなる安全に寄与することを目指しています。

なお、両社は同年10月にも今回と同様のエリアを対象に「コネクテッドカー情報をAI解析、道路冠水リアルタイム検知の実証実験」を行っています。

◆同実証実験の概要

　雨雲レーダーに映らない低い雨雲により関東で雨となった過去の事例では、アプリ「ウェザーニューズ」のユーザーから寄せられる現地の天気報告である「ウェザーリポート」で、雨の報告があったエリアとワイパーの稼働エリアがおおよそ対応していたことがわかっており、ワイパーデータの活用により、雨雲レーダーで捕捉できない降水の把握が期待できます。同実験ではワイパーデータと気象データとの関係を詳細に分析し、正確な降水エリアの把握のほか、ワイパー強度に対応する降水強度の推定などにも取り組み、ワイパーデータの天気予報への活用も検討する予定です。

　なお、ワイパーデータについては、トヨタのコネクティッドサービス利用の車両から収集した車両データに統計処理を行ったうえで、個人が識別されない形で運用します。

ワイパーの稼働状況をデータ化する①

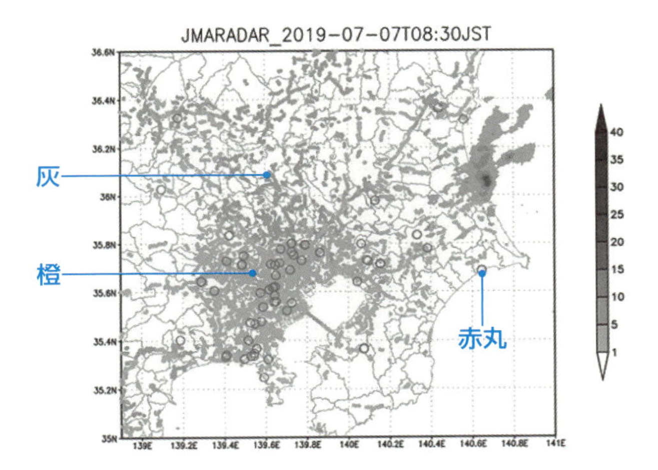

2019年7月7日8：30のワイパーとウェザーリポートデータ。
<ワイパーデータ>橙：稼働あり、灰：稼働なし
<ウェザーリポート>赤丸：雨に関する報告があった地点

ワイパーの稼働状況をデータ化する②

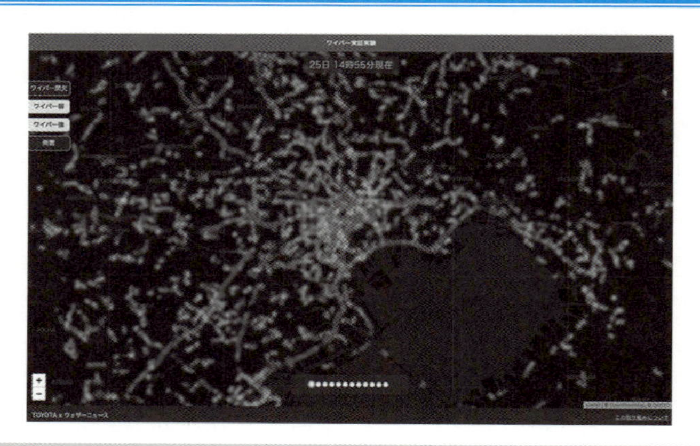

特設サイト（サンプル）

9-2

SDL（Smart Device Link）

2019年11月、「スマートフォンとクルマをなかよくする」をキャッチフレーズに「SDLアプリコンテスト2019」の最終審査会が都内で開催されました。決勝に残った10組によるプレゼンテーションの結果、グランプリは「優良ドライバーチェッカー」を開発したチーム名「開発わかばマーク」が受賞しました。

SDLとは**Smart Device Link**（スマートデバイスリンク）の略称で、クルマやバイク、カーナビや車載器等とスマホを連携させるための国際標準規格です。ブレーキやハンドル操作、ウインカーなどの自動車運転の情報を取得してスマホアプリに反映させたり、車載機からスマホアプリを安全に操作したりできるようにするものです。

SDLの仕様を管理しているのは「**SDLコンソーシアム日本分科会**」です。この分科会は米のFordとトヨタ自動車が設立したもので、2019年11月時点で自動車メーカー10社（トヨタ自動車、日産自動車、マツダ、SUBARU、ダイハツ工業、三菱自動車工業、スズキ、ヤマハ発動機、川崎重工業、いすゞ自動車）などで構成される、自動車業界も後押ししている分科会となっています。

SDLコンソーシアム日本分科会

SDLコンソーシアム日本分科会に参加する自動車メーカー10社

NISSAN
MOTOR CORPORATION

Kawasaki

課題となるのは「SDLが実車側に普及していくのか」という点ですが、そこはトヨタ自動車が先陣を切って、新型カローラの全グレードに標準対応がはじまりました。ダイハツをはじめ他の自動車メーカーも今後続々対応する見込みなので、実車への展開も急速に進んでいく可能性があります。

2019年12月1日より「運転しながらスマホ」は厳罰化

自動車運転中のスマホ操作は社会問題として注目されています。2019年12月1日からは道路交通法の改正により、運転中のスマートフォン保持の罰金が普通車で1万8000円に、また「交通の危険」を生じさせた場合は6点減点（免許停止）、さらには「1年以下の懲役または30万円以下の罰金」と、大幅に厳罰化されました。

こうした背景もあって、SDLを活用することで運転中にアプリ操作をしなくても、スマホや車載器の持つ様々な機能を活用して、より快適なドライブにつなげられる可能性に期待が集まっています。クルマの中でもSNSを使ったり、スマホアプリを活用したりしたいというニーズに対して、安全に、かつ適法にアプリを利用できるようにする方法のひとつとしてSDLが注目されているのです。

そこで、より多くの開発者にSDL対応アプリによる課題解決の発案や、実際にアプリの開発に挑戦してもらうことを目的に、コンテスト形式で開催されるのが「**SDLアプリコンテスト**」です。2019年は第2回目となりました。

グランプリ作品「優良ドライバーチェッカー」

SDLではどのようなことが実現できるのでしょうか。

2019年度グランプリを受賞した「優良ドライバーチェッカー」を例に見てみましょう。

「優良ドライバーチェッカー」は、安全運転のレベルを判定したり、アドバイスをしたりしてくれるシステムです。

ドライバーは、メガネ型IoTデバイス「JINS MEME」を装着して運転を開始します。車両に搭載されているSDLは、ブレーキやアクセル、ハンドル操作、ウインカーなどの運転中の情報を提供してくれます。いつブレーキをかけ始めたか、ウインカーを出したタイミングなどがわかります。ドライバーがかけている「JINS MEME」にはセンサー類が搭載されていて、運転者がちゃんと首を振って左のサイドミラーや後方（左側面）を目視で確認しているか等の情報がわかります。その他、様々なIoTデバイスからの情報を組み合わせて、安全運転のレベルをシステムが判定します。「もう少し早めにウインカーを出した方がいいよ」「（運転手が）サイドミラーの確認OK」といった評価を音声で通知することもできます。

優良ドライバーチェッカーのコンセプト

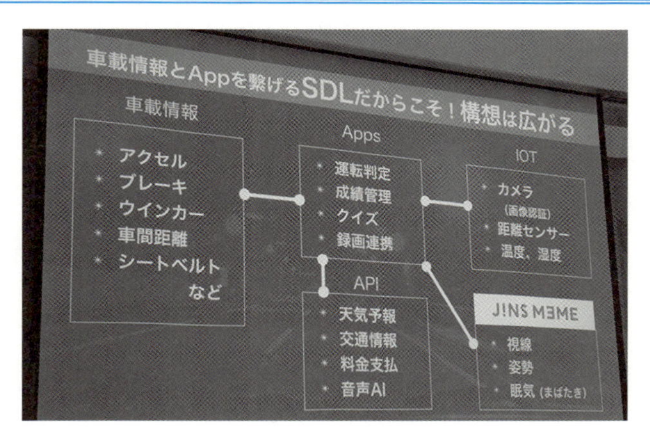

また、いろいろなタイプの教官キャラクターがアドバイスや指導してくれるほか、今見えた路上標識などについてのクイズを出題したり、標識や道路指示をきちんと見たり確認しているかを診断することもできます（開発予定のものも含む）。

「優良ドライバーチェッカー」の画面例

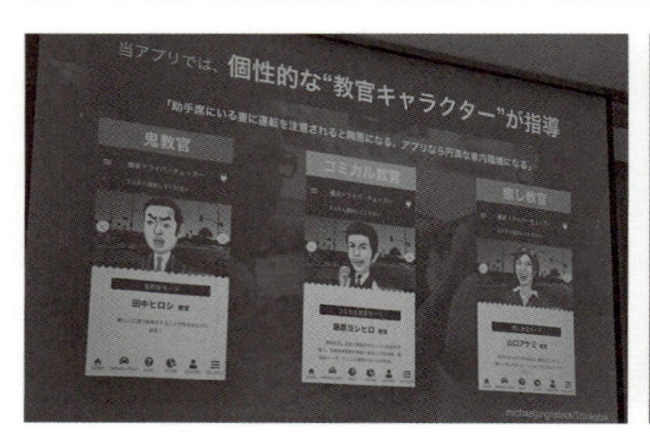

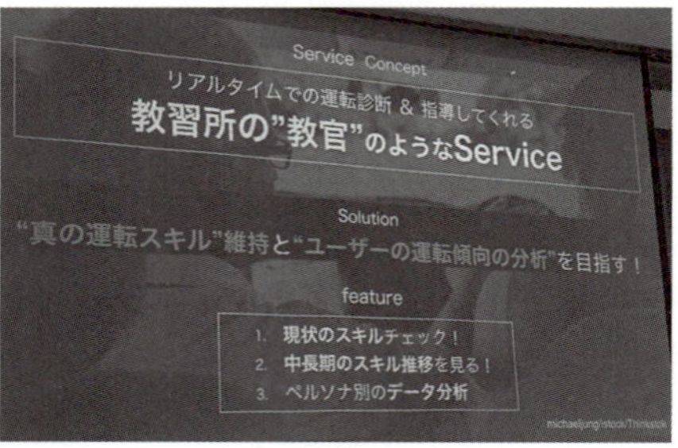

コネクテッドカー時代に求められる各種情報〔自動車の情報（SDL)、カメラ、IoT、ドライバーの運転状況〕などを収集し、分析を行った上で、安全運転を支援するというコンセプトが評価されての受賞となりました。

トヨタが開発キット「SDLBOOTCAMP」を提供

自動車と直接連携したアプリは、これまでほとんど開発されてきませんでしたが、SDLによって大きな技術革新が見られるかもしれません。なお、「SDLアプリコンテスト2019」の最終審査会の当日、会場を提供したナビタイムからもプレゼンが行われ、「カーナビタイム」がSDLに対応したことが発表されました。

また、トヨタ自動車からはRaspberry Pi（ラズベリーパイ、カード型サイズのコンピュータボード）で動作するSDL開発キット「**SDLBOOTCAMP**」が紹介されました。カローラのようなSDL対応車種が手持ちになくても、SDLアプリや連携したシステムの開発が可能になるツールです。プログラミング環境が充実することで開発者が増えることが期待できます。

SDLへの開発支援

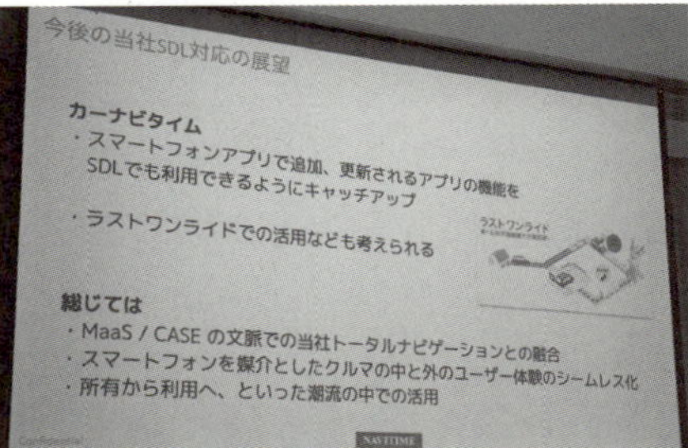

ナビタイムの「カーナビタイム」がSDL対応を発表。

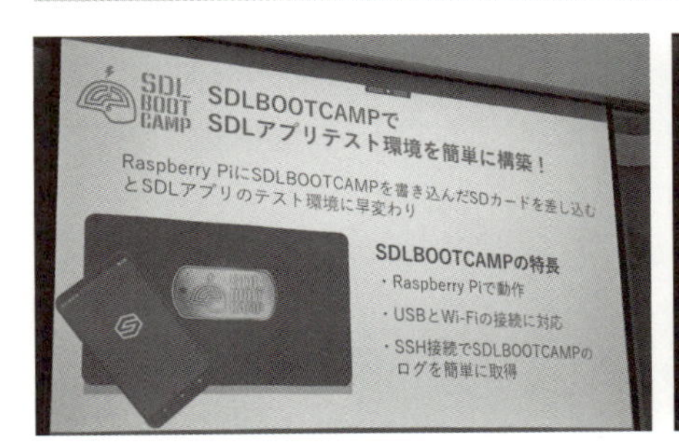

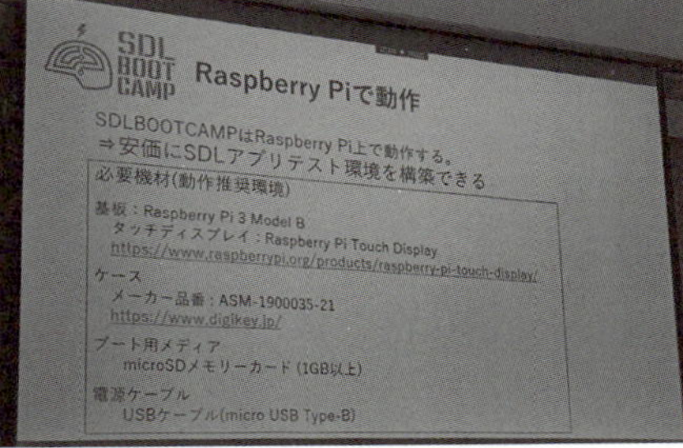

トヨタのSDL開発キット「SDLBOOTCAMP」のコンセプト

9-3 モバイル空間統計と交通連携

携帯電話の通信事業者は、どの地域にどれくらいの人がいるか、どれくらい集まっているのか、どのように移動しているかがわかります。これは、他の業種にはない価値あるデータです。それをタクシー等の需要予測に活用する動きがはじまっています。

NTTドコモの「モバイル空間統計」とは

「**モバイル空間統計**」は、**モバイル流動人口統計**とも呼ばれています。

私たちの多くが携帯電話やスマートフォンを使っています。それらの機器はユーザーが通話や通信を行っていないときも近くの基地局といつも通信しています。電話やメール等を着信するために通信が必要だからです。そのため、通信会社から見れば、どの基地局のエリア内にどれだけの通信機器があるか、すなわちどれだけの自社ユーザーがいるかを把握できるのです。例えば、ドコモはドコモ回線のユーザー数、ソフトバンクはソフトバンク回線のユーザー数のみですが、基地局エリアごとにわかるのです。もちろん誰がどこにいるかも技術的には特定できますが、それは法令的にも道義的にも問題があるので特定は行ってはいません。

各基地局エリア内のユーザー数は正確にわかるので、地域ごとの自社のシェアを乗じればエリア内のおおよその人数がわかり、リアルタイムに統計的に見た分布も把握できます。このように携帯電話やスマートフォンの利用者から人口を地域別に割り出す統計技術が「モバイル空間統計」です。

平日の朝、通勤時の人の流れがどのように変化しているか、今日のイベントでどれくらいの人がこのエリアに集まっているのか、などをある程度の精度で推定することができるのです。

例えば、NTTドコモではこれを「ドコモの携帯電話ネットワークの仕組みを使用して作成される新たな人口統計です。日本全国の人口を24時間365日把握することができる」技術と表現していて、日本全国規模で250～500mメッシュ（地域のマス目）ごとの人口を推計することができます。

これはまさにモバイル通信事業者だけが持つ「トレジャーデータ」と言えます。リアルタイムにどこに人々が集まっているか、その性別や年齢層、居住エリアなどの属性別に集計できます。また人々は時間帯別にどのように移動しているのか、普段と異なる動きをしていることも把握できます。

モバイル空間統計①

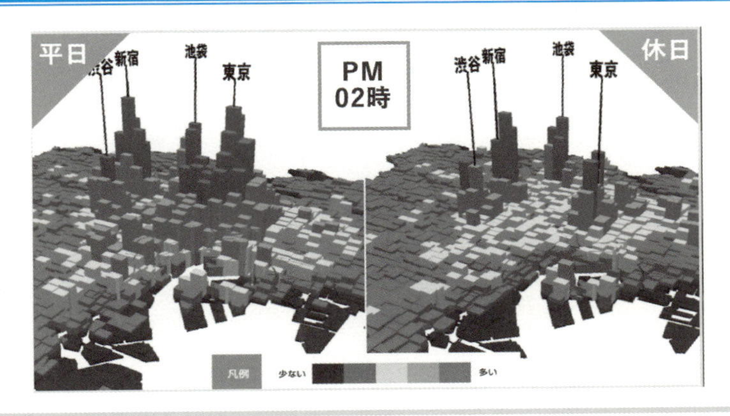

人口分布や1時間ごとの変化などが把握できる。

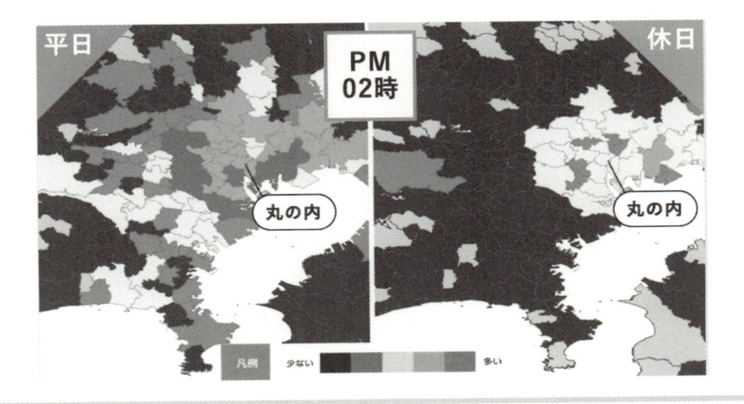

居住地別流入人口。

モバイル空間統計②

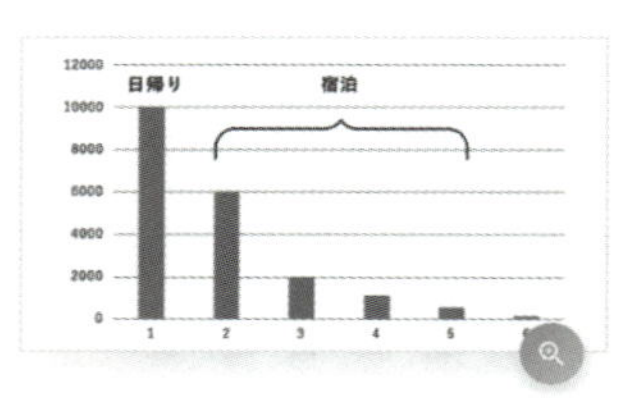

滞在日数（宿泊・日帰り）分析

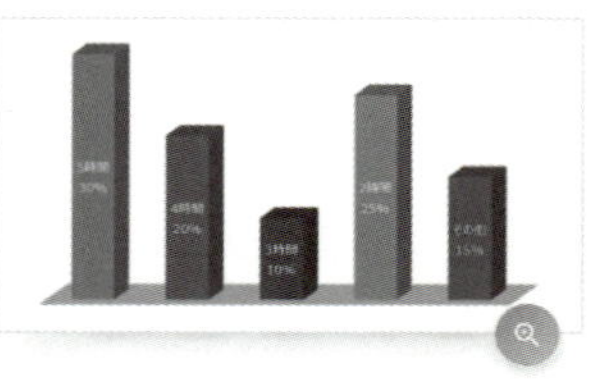

滞在時間別分析

他観光地訪問分析

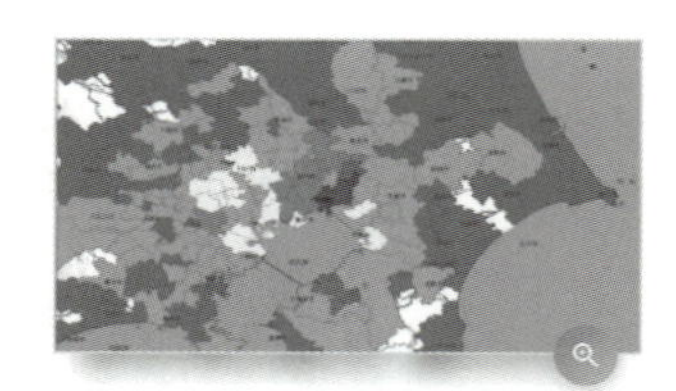

居住エリア別分析

動態統計。滞在時間やほかの観光地へと流れる変化も把握する。

出典　すべてNTTドコモの「モバイル空間統計」のホームページより（https://mobaku.jp/）

※「モバイル空間統計」はNTTドコモの登録商標です。

蓄積したデータを解析すれば、平日の通勤時間や昼食時、帰宅時間の人の流れがわかります。また週末には、特定の駅周辺や地域における人の流れも属性別にわかります。また、催事会場やホール、スタジアムや公園などに人が集まっていることで、イベントが開催されていることがリアルタイムにわかります。

「モバイル空間統計」の利用イメージ

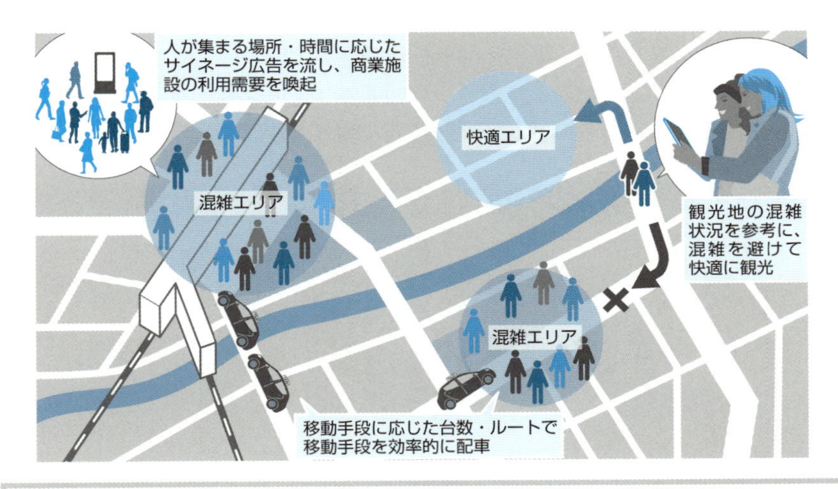

人の流れや数、属性によって、サイネージ広告の内容を変更したり、渋滞や混雑を回避する観光ルートを提示したり、さまざまな「快適」や「効率化」につなげることができる。

出典　NTTドコモの「モバイル空間統計」のホームページを基に作成

また、人の流れは予測もできます。ビッグデータをAI技術で解析して傾向を把握することで、精度の高い予測につなげるのです。

例えば、これから10分後に雨が降りだせば、「どこに人が集まる」「人はどのように移動する」「観光客の人数はどのくらい変動する」といった感じです。

タクシーのリアルタイム需要予測

人の数と流れを把握する「モバイル空間統計」をタクシーのリアルタイム需要予測に活用しているのがNTTドコモの「**AIタクシー**」です。「モバイル空間統計」の中の「**リアルタイム版人口分布統計（近未来人数予測）**」技術を使っています。

タクシードライバーにとって、現時点で人が集まっている場所のピンポイント情報だけでも貴重です。それだけ顧客とめぐりあえる可能性が高くなると考えられるからです。

更に「AIタクシー」では「**未来予測**」を行います。日頃からデータを蓄積していれば、天候が人の流れにどのように影響を与えるかが推測できます。これから雨が降る予報が出ていれば、雨によってどれくらいの人が、どのように移動するかが推測できます。もちろん、天候だけでなく、イベントの有無、電車の事故や遅延、渋滞など様々な情報を解析し、それらの相関関係を学習したAIが、タクシーの場合は主に30分先、別の用途では数時間先の予測までも行うのです。

出典　NTTドコモの「モバイル空間統計」のホームページ（https://mobaku.jp/）に基づいて作成

AIタクシーでは、マップ上の地域ごとに、AIが予測して利用顧客予測人数を表示し、タクシーのドライバーはそれを参考にして配車することができるシステムです。

AIタクシーで表示される画面例

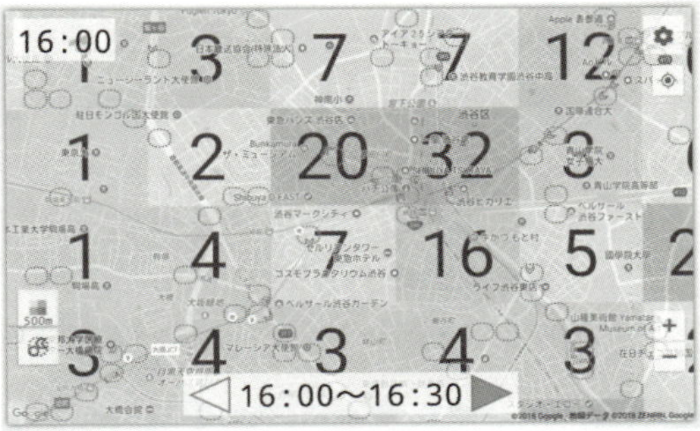

AIタクシーで使われるマップの表示例。マップをセル(マス目)で区切り、数値は潜在顧客の人数を示す。セルの範囲は500mごとに区切られ、さらには顧客が待ちやすい場所や進行方向を100m単位でホットスポット推定するため、利用顧客と出会う機会が得やすい。

具体的には、次のような情報がオンラインで提供されています。

▼オンライン配信するデータの種類

- 営業区域内500m四方ごとの、タクシー乗車台数の予測値
- 乗客獲得確率の高い100m四方のエリアの情報(ホットスポット推定)
- 乗客獲得確率の高い進行方向
- 普段よりも人口が多い500m四方のエリア情報

筆者が取材した際、NTTドコモは次のように答えています。

シンプルな例として「どこでイベントが起こっているか」ということをタクシードライバーに伝えるだけでも効果はあります。イベント会場の近くではタクシーの利用顧客も多いだろう、ということはわかっていても、ドライバーが常にイベントの開催情報を把握しているわけではありません。また、地域の中小規模のイベントなどは開催されていることすらわからないことの方が多いでしょう。「リアルタイム版人口分布統計」によって、人がたくさん集まっているという情報だけでも価値があります。また、電車のトラブルや大幅な遅延の際など、駅前に利用顧客が溢れることがありますが、そういった突発的なことにもすみやかに対応できます。

この技術はすでに実用化されています。2018年2月に日本全国でサービス提供を開始しました。東京23区、武蔵野、三鷹の東京無線タクシーと名古屋市のつばめタクシーグループを皮切りに、現在では、大阪市、熊本市、福岡市といった政令指定都市や地方も含め、全国12の都道府県にて提供実績があります。

実用化後の効果については公開されていませんが、実証実験の際の成果として、ベテランか新人かを問わず、このシステムを使ったドライバーのほうが実車率は上がり、1日に一人のドライバーあたりの売上が約1400円向上したと発表されています。タクシーを複数台運営する企業にとっては大きな違いになるでしょう。

AI タクシーのしくみ

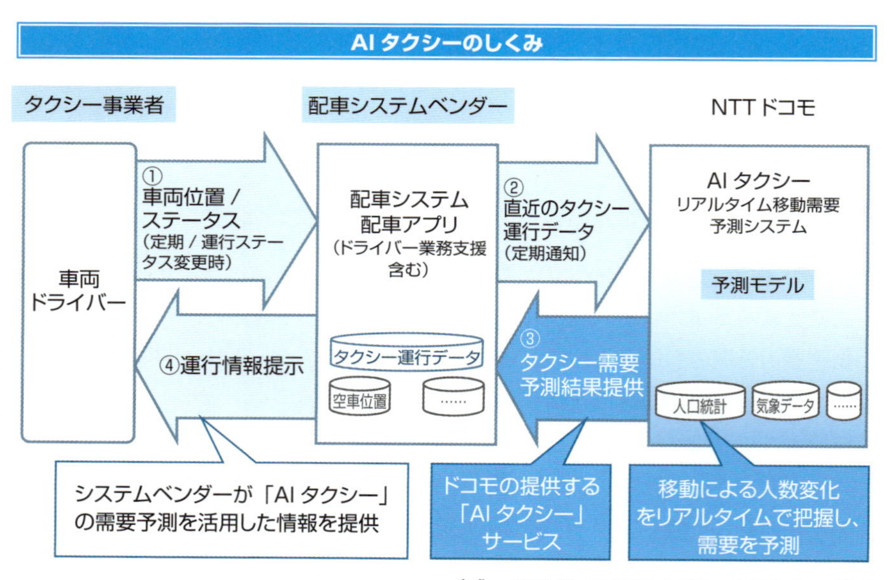

出典　NTT ドコモのプレスリリースに基づいて作成

また、この「モバイル空間統計」を一般企業向けに「国内人口分布統計（リアルタイム版)」として2020年1月22日より提供開始することが発表されています。NTTの研究所が開発した高速可視化技術を活用した「可視化システム」もあわせて提供開始となります。

基地局の位置情報をもとに、リアルタイムな国内全域の人口統計を提供することは日本初（2019年12月3日時点での同社調べ）です。なお、「リアルタイム」

とは、既存サービスと比較し、分析結果の提供速度向上が図られたことからの表現です。実際は1時間前の人口分布情報を10分ごとに確認できる内容です。現時点の情報を確認できるものではありませんが、一般企業のニーズの多くにはこたえられるでしょう。混雑の緩和、屋外デジタル広告、投資情報サービス、災害や事故発生時の人的リソースの最適化などのユースケースが想定されています。

ソフトバンクグループも展開

「モバイル空間統計」（モバイル流動人口統計）は、AIタクシーで先行しているNTTドコモのサービスですが、同様の事業にソフトバンクも着手しています。

ソフトバンクの傘下（ソフトバンク株式会社100%出資）で、位置情報を用いたビッグデータ事業を行うAgoop（アグープ）は、最短10分前の人の流れを地図やグラフなどを使ってわかりやすく可視化するサービス「**Kompreno**」（コンプレノ）を開発し、2018年2月5日から国内外で提供を開始しています。

「Kompreno」は、スマートフォンのアプリケーションから取得した位置情報データを独自の技術で解析して人の流れを見える化した「**流動人口データ**」を、地図やグラフなどのビジュアルを用いて表示する「ダッシュボード」の形で可視化したサービスです。

Komprenoのイメージ①

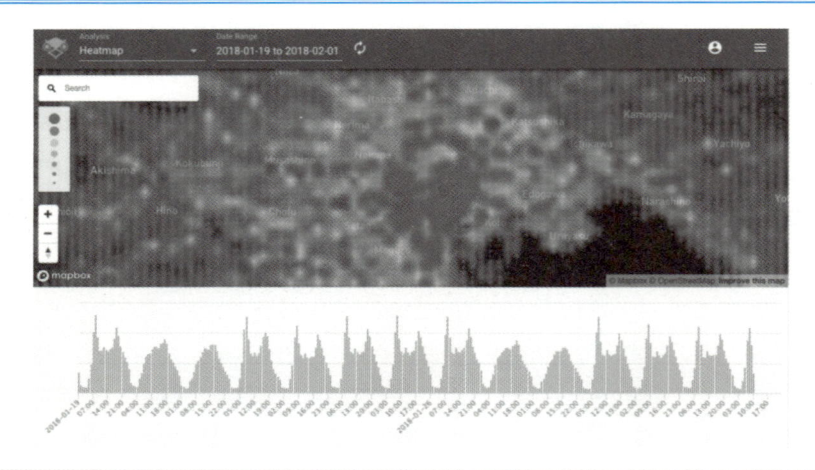

Agoopのホームページより

Komprenoのイメージ②

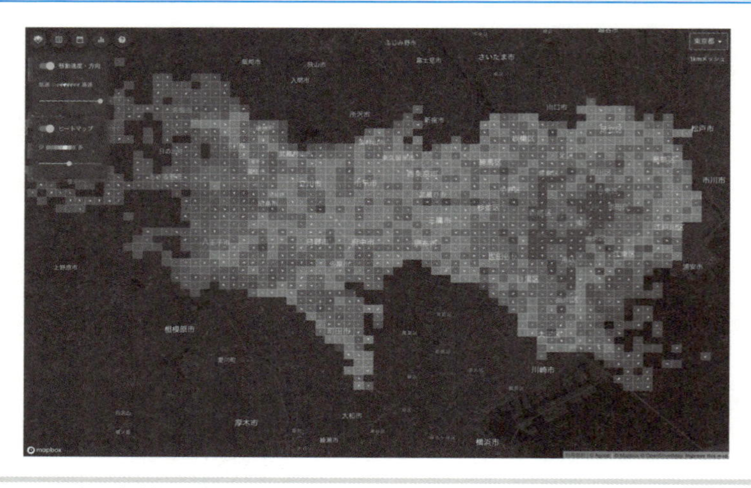

「Kompreno」の無料公開版の利用イメージ

「Kompreno」の主な特徴

人の密集度をメッシュで可視化	グラフによる可視化	移動速度や方向を可視化
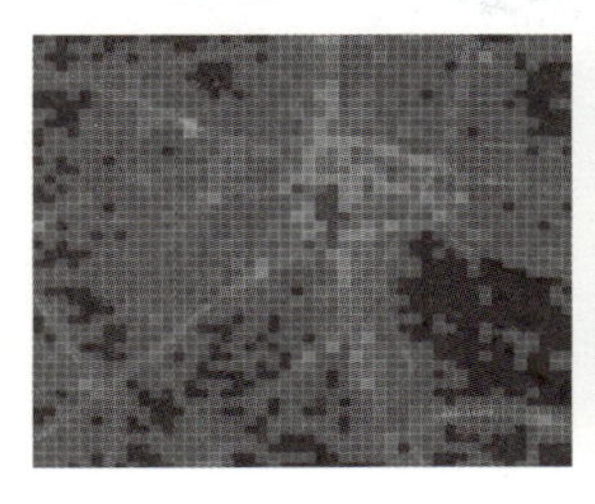		
人の密集度をメッシュごとに色を変えて可視化。ズームレベルに応じて、50m・100m・250m・500m・1km・5km・10km・40km・80km四方のメッシュで表示	表示エリアの10分ごとの人の量をグラフで表示	どれくらいの速度で、どの方向へ移動しているかを表示

出典　https://www.agoop.co.jp/news/detail/20191003_01.html

10分前から2週間前までの「流動人口データ」を、ウェブブラウザでいつでも簡単に確認・分析することができます。まずは、人の流れや密集度、滞在時間、移動速度などの情報を可視化して提供し、観光地の分析や都市計画、出店計画などに利用できるようしています。世界の200以上の国と地域に対応し、今後は細かな分析機能などを順次追加していくことを表明しています。

「Kompreno」(Agoop)の「流動人口データ」を取得、計算、予測するしくみにはGPSを使い、通信事業者に依存しないのが特徴です。同社のスマホ向けアプリのユーザーのうち、許諾を得たユーザーからGPSの位置情報を取得します。GPSデータを「動く点」として細やかに把握､人の流れとその傾向をつかめる「**ポイント型流動人口データ**」と、アプリユーザーを日本の総人口規模に換算して、各サイズに仕切られたメッシュ単位での推移を時間帯別につかむ「**メッシュ型流動人口データ**」の2種類があります。

「流動人口データ」を取得するしくみ

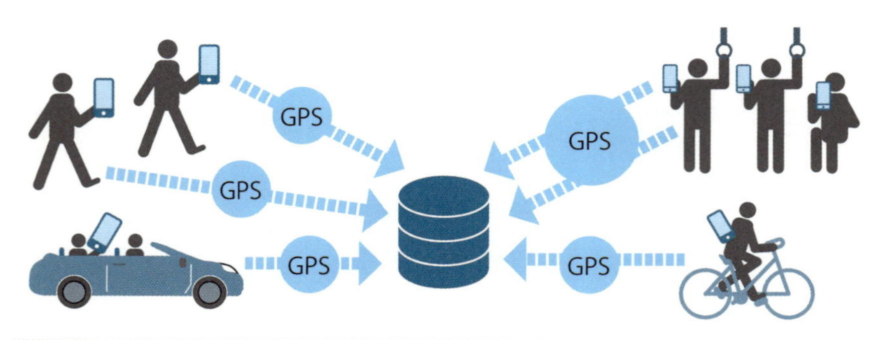

GPSを利用している点が特徴。また、集計人数がソフトバンクのスマホに依存しないのも特徴だが、その反面、アプリ利用者に依存する。

同社は、商業施設のエリアマーケティング、地方自治体の経済・観光政策や防災対策など、様々な分野で活用できるデータだとしています。基本料金は30万円/月（税抜）からで、料金は利用範囲に応じて変動します。

なお、同社は最短10分前の人の流れを地図やグラフなどで可視化する「Kompreno」の無料公開版を2019年10月より提供開始しています。

Komprenoの利用例

＜人の密集度を可視化＞
人の密集度をメッシュごとに
色を変えた「ヒートマップ」で表示

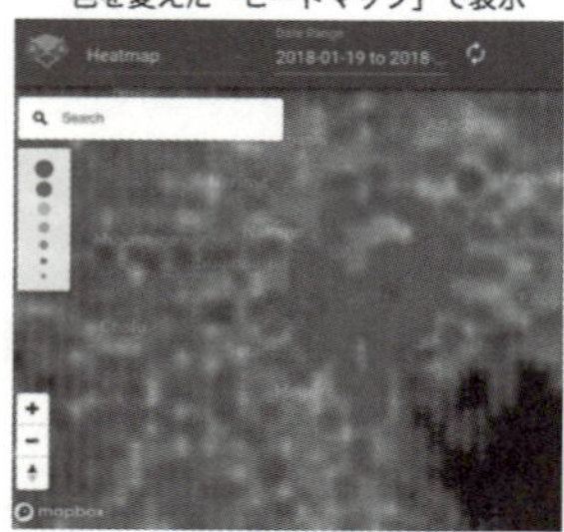

＜滞在時間を可視化＞
その場所に滞在する人の平均的な時間を
6段階（10分以内～3時間以上）で表示

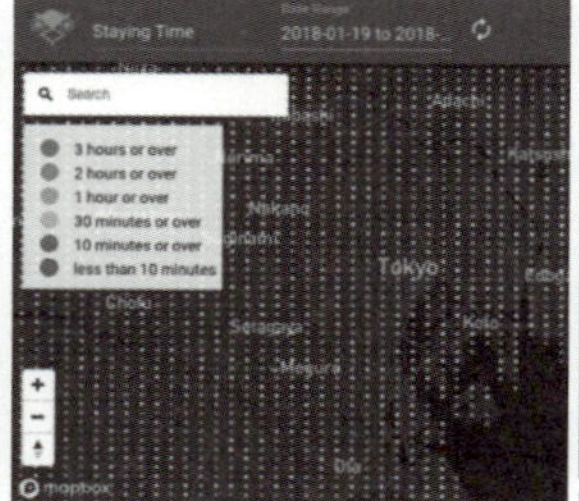

＜移動速度と方向を可視化＞
どの方向にどのくらいの速度で
移動しているかを表示

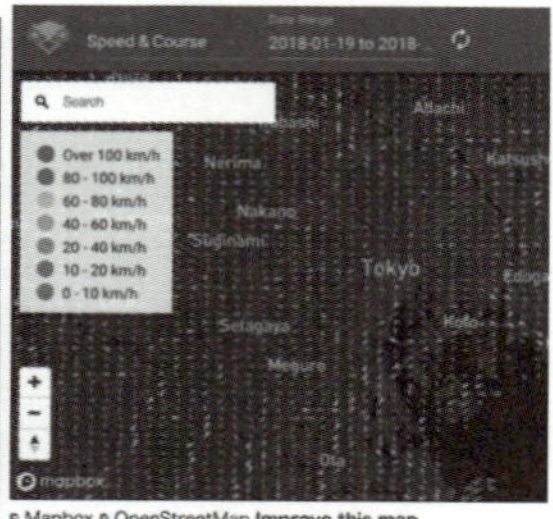

© Mapbox © OpenStreetMap Improve this map

最短で10分前の人の流れを地図やグラフなどで可視化する。

9-4

ドコモの「AI 運行バス」の進化

NTT ドコモのオンデマンド「AI バス」については、第 4 章 4-6 節で紹介しました。ここでは、その進化形である「タクシー」と、サービスエリアの拡大について追記します。

肝付町おでかけタクシー

鹿児島県肝属郡肝付町とNTTドコモ九州支社は、NTTドコモの「AI運行バス」システムを利用した新交通手段として「肝付町おでかけタクシー」の本格運行を2019年9月末から開始しました。運行するエリアは、肝付町内の高山エリアと内之浦エリアです。

肝付町おでかけタクシー

2018年7月から9月に鹿児島県肝付町で行われた「AI運行バス」実証実験の車両（再掲）。

「AI運行バス」は「利用者のタイミングで車両配車が可能」な**オンデマンドバス**を実現するシステムです。これまでの定時定路線型バス等と異なり、利用者が呼びたいタイミングで専用のスマートフォンアプリ、または電話によって予約をすることで、車両の配車を行うことができます。

スマートフォンの場合、地図上で乗りたい場所を指定するとバスがピックアップに来てくれて、乗車後は最適なルートで目的地に向かいますが、基本的には乗り合いなので、走行ルート付近で乗車希望の乗客がいればピックアップに寄る場合があります。

オンデマンドバスのしくみ

オンデマンドの乗合型交通サービス「AI 運行バス」

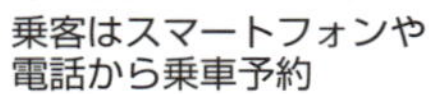

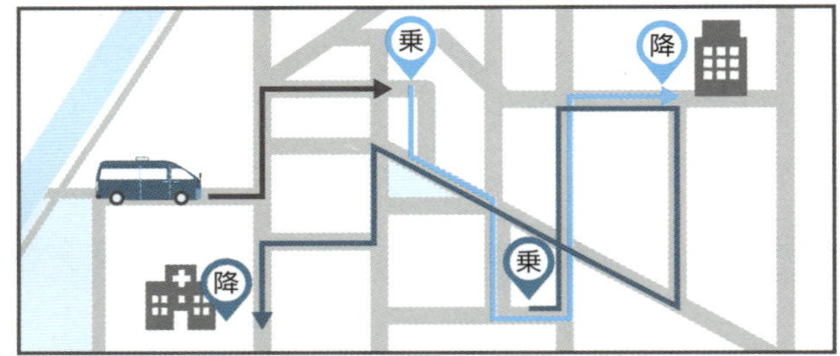

路線や運行ダイヤなどは存在せず、利用者が乗りたい時に
行きたい場所までダイレクトに運んでくれる、新しい移動手段です

※一部機能開発中

第４章の図を再掲。

出典　NTT ドコモのプレスリリースより

日本は全国的に少子高齢化といった社会課題を抱えています。地方では人口減少が進んでいる地域もあり、免許返納もあって、高齢者を中心に交通手段の確保が重要な問題になっています。また、肝付町では町民の交通手段の確保にとどまらず、移動利便性向上が町の活性化につながると考え、新交通として自宅や公共施設、商業施設等を指定乗降場所とした「オンデマンドバス」が有効と考えました。そこで、2018年７月から９月に「AI運行バス」の実証実験を行った上で、2019年９月の本格展開へと至りました。

本格運行では、事前に登録された自宅を含む、指定の乗降場所間での移動ができます。運行は各日9時30分～16時（最終予約受付）の間で実施され、対象者は鹿児島県肝付町の住民と、その他利用登録者ということです。車両にはセダン車4台を使用し、運行は銀河タクシー、立石タクシー、鶴丸タクシーが行っています（開始時点）。自治体でのAI運行バスシステム本格運行は全国初の取り組みとなり、肝付町とドコモは、今後もICTを活用した様々な取り組みを通じて、住民の更なる利便性向上に取り組んでいくとしています。

AI運行バスは今後の町の発展を担う新交通手段として期待されています。

オンデマンドバスのサービスの流れ

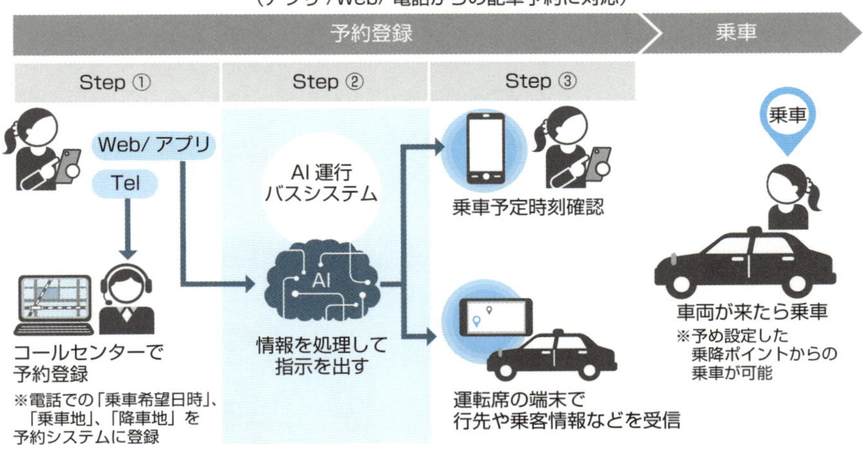

高齢者の支援が主体となることもあり、電話でも予約（配車依頼）できる（第4章の図を再掲）。

出典　NTTドコモのプレスリリースより

「AI運行バス」が横浜みなとみらいを走る

NTTドコモは2019年10月、横浜市と共同で10月から12月まで横浜市臨海部（みなとみらい周辺地域）にて横浜MaaS「AI運行バス」を運行することを発表しました。国立研究開発法人新エネルギー・産業技術総合開発機構（NEDO）

のプロジェクト「人工知能技術を用いた便利・快適で効率的なオンデマンド乗合型交通の実現」の実証実験として実施するもので、2018年に続き2回目となります。乗車料金は無料。

「AI運行バス」は利用者の乗車予約に応じ、リアルタイムに最適なAI配車を行うオンデマンド乗合交通システムであり、モバイル空間統計のリアルタイム版とAI技術により、未来の移動需要を予測し、運行効率をさらに高め、利用者の待ち時間を短縮するシステムです。

鹿児島県の肝付町のケースと同様、スマホアプリと電話でも予約（配車依頼）できます（**242ページの図、「オンデマンドバスのしくみ」参照**）。

横浜の実証実験では、2タイプの車両が使用されます。ひとつは小回りが利くワンボックスタイプ（定員4～6人）、もうひとつは利用者が多い高需要ルートを走る大型車両タイプです（AIバスとしての定員で最大11人）。

2タイプの車両で実証実験

【全区間ルート】
小回りの利く柔軟性の高い車両運行
（定員4～6人のタクシー車両）

【高需要ルート】
大量輸送可能な大型車両運行
（定員11人以上のバス車両）
※定員は「AI運行バス」の乗客定員

大型車両タイプは高需要ルートに限定して運行し、複数の乗降ポイントから選択するしくみです。また、NTTドコモの「AIタクシー」で実用化したリアルタイム移動需要予測技術の活用による効率性とサービス性に関する性能検証をします。予約画面の改善や乗車定員と乗降所要時間を考慮した配車制御といったユニバーサルデザインの検証、250を超える商業施設などとの連携による集客サポート機能の検証などを行うとしています。

乗降ポイント

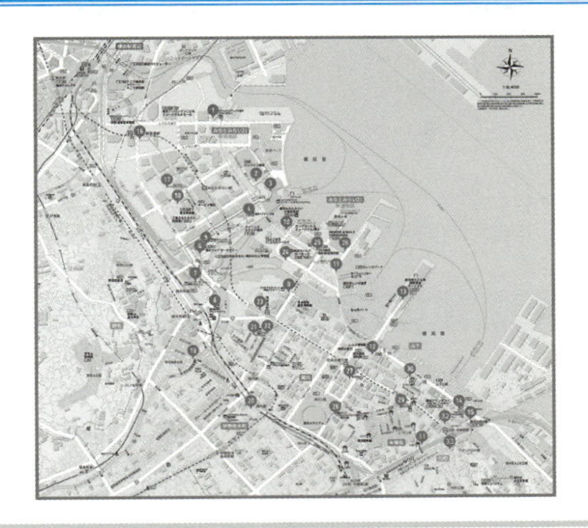

マップで示す運行エリア内に数多く配置した乗降ポイント間で乗車できる。

▼横浜みなとみらいでの主な検証ポイント（※NTTドコモの発表より）

- 高需要ルートにおける大型車両（定員11人以上のバス車両）の活用による効率性とサービス性に関する性能検証ならびに運営オペレーション検証
- 車いす利用者を考慮した予約方法ならびに配車制御検証
- リアルタイム移動需要予測技術の適用方法の検証
- 商業施設の集客サポート機能に関する検証

2019年の実験には移動手段としてのシステムに加えて、商業施設のサービスをMaaSプラットフォームとして統合することで、交通と商業施設の連携を促すねらいもあります。交通需要の増大、利便性の拡充とともに、商業施設の売上向上も図りたい考えです。

具体的には、スマートフォンで観光施設やグルメスポット、イベント情報を検索し、検索結果から直接「AI運行バス」を予約して回遊できるものです。観光客にとっては交通手段を細かく調べる必要がなく、バスを呼んで、所定の場所で乗って目的地で降りるというシンプルな移動が実現できます。そこに、観光スポットの情報や飲食店の紹介やクーポン、催事情報を加味することで、商業施設や自治体にとってもメリットを提供するしくみを目指しています。

また、商業施設や自治体にはこのアプリやモバイル人口統計から、周辺地域にいる人数や属性などの有用な情報も提供することが可能です。

観光客・商業施設・自治体にとってのメリット

①観光客にとっての価値

(Point.1) **交通手段を調べる必要なし！　簡単移動・お得な旅行。**

①観光情報を見る"→"バスを呼ぶ"で目的地まで連れて行ってくれる。ルートやダイヤを探す必要なし！
②オンデマンドかつ最適ルート運行のため、自分のペースで、観光スポット間を移動できる！
③リアルタイムな観光情報や、お得なクーポンを獲得でき、お得に旅行を楽しめる！

②商業施設にとっての価値

(Point.2) **来街者の情報が分かる。来街者に合わせた発信ができる。**

①来街者の人数・属性、自施設情報の閲覧状況等を把握可能。
②来街者の状況にあわせ、施設情報をリアルタイムに発信可能。

③自治体にとっての価値

(Point.3) **自然災害発生時、来街者の人数＝影響度を把握できる。**

出典　NTTドコモのプレスリリースより

AI運行バスのアプリ画面のイメージ例

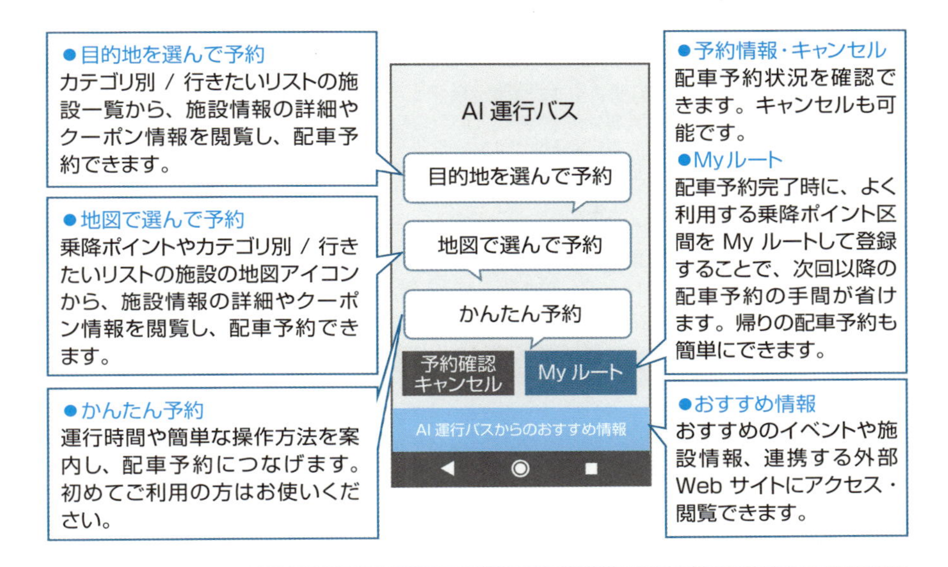

みなとみらい21・関内エリア周辺の観光施設やグルメスポット、イベント情報を検索し、検索結果から直接「AI運行バス」を予約して回遊できる実証実験を実施する。アプリ側からも連携するサービスや店舗に誘導するしくみも取り入れる。

出典　NTTドコモのプレスリリースより

▼同実験におけるそれぞれの位置づけ

NEDO	「人工知能技術を用いた便利・快適で効率的なオンデマンド乗合型交通の実現」の実証実験として実施。
横浜市	まちの回遊性向上ならびに商業施設への送客効果による経済の活性化、にぎわいの創出をめざし、AI・IoTなどを活用した新ビジネス創出を促進する「I・TOP横浜」の取組みの一つである「まちの回遊性向上プロジェクト」の一環として実施。
NTTドコモ	日本版Maas（Mobility as a Service）を「移動に関する社会課題を解決するもの」とした取り組みの一環として、地方部から都市部まで「AI運行バス」による二次交通の充実に向け､約18万人の輸送実績から得られた知見と、「corevo」などのAI技術を活用して、未来の移動需要を見える化し、様々な移動手段の効率的運行による交通全体の最適化と、移動×サービスによる新たなビジネスの創出を目的としている。

NTT ドコモが考える日本版 MaaS ①

ドコモの考える日本版 MaaS と「AI 運行バス」の位置付け

- ドコモは、Maas を「移動に関する社会課題を解決するもの」として捉え、
  - 個別の交通モードの運行効率や利便性を向上する「高度化型 MaaS」
  - 複数の交通モードを統合する「交通統合型 MaaS」
  - 移動の先にある目的と交通を連携させる「サービス連携型 MaaS」

  に取り組んでいる。
- 日本における移動に関する社会課題は主に「二次交通」にあると捉え、運行の効率化や利便性の向上をめざす「高度化型 MaaS」や、運行コストの原資の獲得（運賃以外の収入獲得）をめざす「サービス連携型 MaaS」が必要であると考え、二次交通の充実に取り組んでいる。
- オンデマンド乗合交通「AI 運行バス」は、「高度化型 MaaS」と「サービス連携型 MaaS」を中心とした移動に関する社会課題解決に向けた取り組みである。

日本版 MaaS：移動に関するさまざまな課題を解決するもの

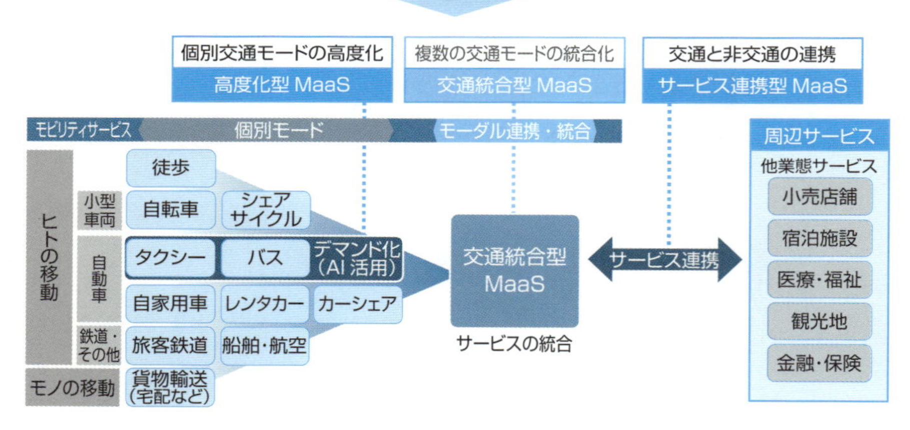

出典 NTT ドコモのプレスリリースに基づいて作成

NTT ドコモが考える日本版 MaaS ②

移動の目的・サービスと交通サービスの連携

- 単なる交通配車アプリではなく、地域の施設・店舗情報の閲覧から、「AI運行バス」の配車予約までをセットにした利用者導線を提供。
- 利用者にとって魅力的なクーポンも提供し、「利用者の行きたい」気持ちを喚起する仕組みを実装。
- 施設・店舗の担当者が、アプリなどを通してリアルタイムに店舗情報発信・クーポン発行できる集客サポートツールを開発。（店舗情報発信・クーポン発行機能は2019年10月1日(火)から「AI運行バス」の追加機能として提供しています。）
- 近未来人数予測®の技術により、性別・年齢層別の「現在」「30分先」「60分先」の当該エリア滞在者の人数分布や性別・年齢層別割合、普段より人数の多い250mメッシュの予測情報を確認できる画面を追加することで、滞在者に応じた店舗情報発信・クーポン発行をできる仕組みを機能改善し集客サポートツールに追加。

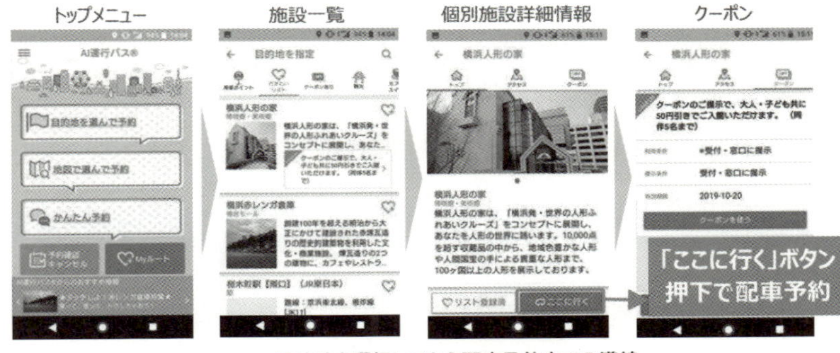

目的地を選択してから配車予約までの導線

出典　NTT ドコモのプレスリリース

輸送実績は 18 万人超へ

ドコモは、日本版MaaSを「移動に関する社会課題を解決するもの」と位置付けています。その取組の一環として、地方部から都市部まで「AI運行バス」による二次交通の充実に取り組むとしています。2019年9月30日時点で約18万人の輸送実績があります。

また、ドコモは2018年の実証実験の結果を一部公表しています。実施し始めてから利用客は上昇し続け、最大で2.3倍まで増加し、合計3.4万人が利用しました（**次ページの図参照**）。「都市部においてもオンデマンド乗合交通『AI運行バス』のニーズを確認できた」としています。

その他の結果は下記のとおりです。

▼2018年度検証結果の主なポイント

- 輸送人数は常時上昇（成長率 2.3 倍）し、合計 3.4 万人。アンケートによる満足度（0 ～ 5）が 4.45 ポイント（有効回答数 2072 人）。都市部においてもオンデマンド乗合交通「AI 運行バス」のニーズを確認。
- 乗車効率は都心部の路線バス平均を上回り、実車率最大 57%である一方、サービス性指標である平均待ち時間が 10 分以内を維持したことから、効率性とサービス性を両立した形で、最大 15 台の車両に対する AI を活用したリアルタイム配車で、1 日最大約 1000 人の輸送を実現。
- 高需要ルートにおいては、大量輸送型車両によるさらなる効率化の可能性を確認。
- アンケートの結果、「AI 運行バス」のアプリにより、訪問場所が増えたという回答が約 8 割あり、既存の公共交通利用時に比べ総移動時間が 3 ～ 4 割短縮するケースもあるなど、回遊性向上につながる検証結果を確認。

2018 年度横浜 MaaS「AI 運行バス」利用者の推移

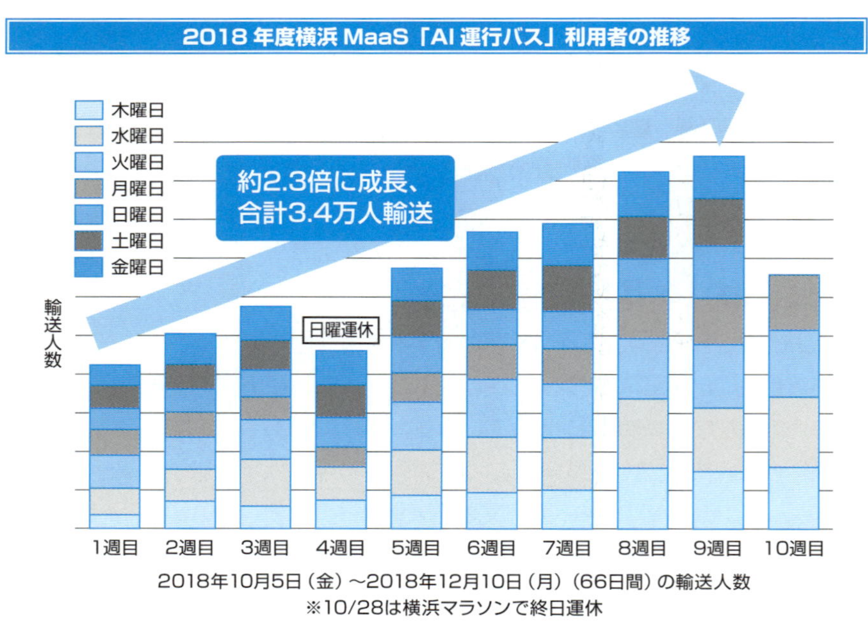

出典　NTT ドコモのプレスリリースより

9-5

CASE と 5G

携帯電話やスマートフォンを主軸に発展してきた移動体通信（モバイル通信）は2020年に大きな飛躍のときを迎えます。日本では2020年春より「5G」が本格的にスタートするからです。

5Gとは？　その利点と4Gとの違い

5Gは「5th Generation」の略称で「第5世代移動通信システム」を意味します。3GPPという標準化団体（標準化プロジェクト）が中心になって策定しています。2019年現在、世界的に普及しているのは「**4G**」（第4世代）です。「3G」までは主に携帯電話を主眼に仕様が決められてきて、「4G」ではスマートフォン世代に見合い、写真や動画の通信を含めて実用性を実現したシステムです。高速通信技術「LTE」や「LTE-Advanced」の導入により、ユーザーは通信速度に大きな不満を持つことはほぼなくなりました。

「5G」はスマートフォンでの使用からさらに視野を広げ、IoT、自動運転、医療、ロボット、VRなどにも実用性を求めた仕様として策定されました。言い換えるとこれらの分野で本格的に通信が利用されるようになるためには「5G」通信環境が具体的に求められています。**自動運転の現場では「5G」がなければ実現は難しい**といっても過言ではありません。

では、5Gは今までの4Gとどのような違いがあるのでしょうか。

通信規格を策定する上で、通常4つのポイントに着目します。高速性、大容量、低遅延、多接続性です。そのうち、高速性と大容量はほぼ比例するため、高速・大容量とまとめられるケースが多く見られます。そこで一般消費者やビジネスに関わるポイントは3つ「高速・大容量」「低遅延」「多接続性」に絞られます（業界内ではほかに、高信頼性や低コスト、省電力などの項目も大きなポイントとして審議されます）。

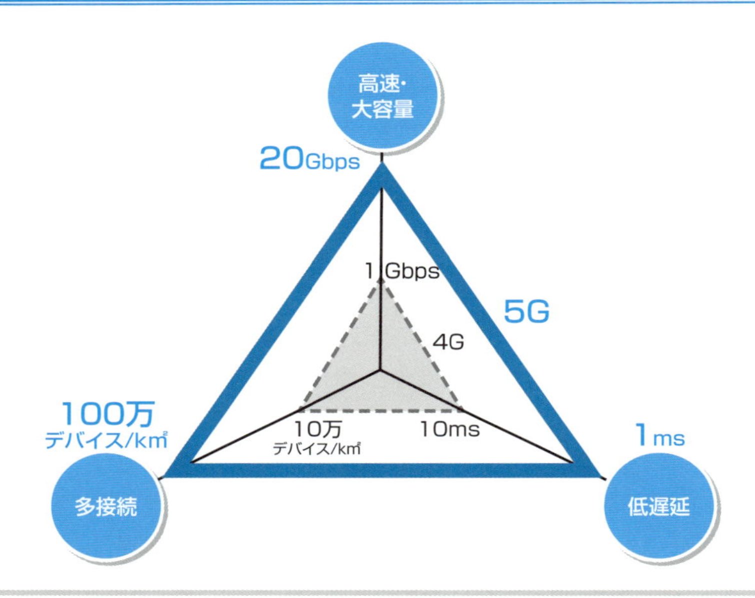

大きい三角が5Gで、内側の小さい三角が4G。仕様や理論的な基本性能を表す。

出典　KDDI

◆高速・大容量

モバイル通信に求められるデータ容量は今後も爆発的に増えていきます。ソフトバンクの調べでは2006年から2016年までの10年間で約2300倍に増加したとしています。また、NTTドコモの説明では2020年代のデータ容量は、2010年代と比べてさらに1000倍以上に達すると見ています。これに対応するにはシステム容量（単位面積あたりでの通信速度の総量）の飛躍的な大容量化を実現することが必須であり、これは5Gにおける最も基本的な要求条件としています。

高速性やデータ通信容量をはかる数値（理論値）として「Gbps」（ギガビーピーエス、Gigabits per second）という単位が用いられます。1秒間に何ギガビットのデータを送受信できるか、を示すものです。

5Gでは受信で20Gbpsの通信速度を目指して研究が行われています。4Gでは1GBpsが目標値だったので、5Gでは現状（4G）より20倍高速になることが目安として見込まれています。4GではLTEの普及で通信速度に対するユーザーの不満は減少しています。しかし、今後はテレビの4Kや8K放送に合わせて、モバイル通信でやりとりする動画も4Kや8K配信へのニーズが高まるとみられ、高クオリティのコンテンツが増す可能性が予想されています。これに対応するためには1k㎡あたり現状より100倍の高速化（大容量化）が必要だとも言われています。

◆低遅延

5Gでは、無線区間の遅延時間で「1ms以下」を目指すとしています。誤解を恐れずに言えば、通信の応答速度を0.001秒で行うということです。反応速度やレスポンスが従来よりも格段に速くなるということです。4Gでは10msだったので、1/10以下の反応速度で通信が開始されます。

本書の自動運転車の項で前述したように、V2VやV2Xで自動運転を行う場合、反応速度がなにより重要です。「障害物がある」「子供が飛び出す」ということを先行車両から後続車両に通信で伝達したとしても、通信が始まるまでに数秒も待っていたのでは事故を防ぐことはできません。

また自動運転車に限らず、ロボット、触覚通信、各種センサーなどIoT分野や、慎重に細かい作業が要求される手術などの医療現場では、高速なレスポンスを支える通信技術が必須と考えられています。

ただし、0.001秒のレスポンスは無線区間での目標です。データのやりとりに実際はコンピュータの処理や演算処理などが入ること、その部分の高レスポンス化も必須であることは考慮しなくてはいけません。

◆多接続

朝の通勤ラッシュ時や、人が大勢集まるスタジアムなどのイベント会場などで、携帯電話やスマートフォンの通信速度が著しく低下する経験をした人も少なくないでしょう。現状のモバイル通信システムはひとつの基地局が接続できる端末の数はそれほど多くないため、人口過密エリアでは安定した通信を行うことが困難になる場合があります。4Gでは1㎢あたり10万デバイスが限度とされています(おそらく実際にはこの数値には遠く及んでいないのが実情でしょう)。

4Gはスマートフォンや携帯電話を前提にしているので、地域内にいる人数が最大値と定義できました。しかし、今後は膨大な数のIoTデバイスが通信に接続されることになります。今までのように「人ひとりがスマートフォンを持つかも」という数とは桁違いの増え方になるでしょう。信号機、街灯、道路、さまざまなIoTセンサーデバイス、自動運転車など、「人とクラウド」が中心だった接続する端末の対象は、「人と機械」「機械と機械」「機械とクラウド」へと移り変わり、数10億から数兆個の端末と通信する基盤が必要になります。これも改善が必要な課題のひとつです。5Gでは1㎢あたり100万デバイスの接続が前提となっていますが、4Gの100倍が必要、という意見も多く出ています。

低周波と高周波が個別に進化

4Gに5Gが追加されるにあたり、モバイル通信で利用できる周波数帯が増えることも注目したいところです。

4Gまでは700～800MHzがプラチナバンドと呼ばれ、建物や障害物の回り込みがしやすい携帯電話向けの周波数帯として使われ、更に概ね1.7GHz～3.5GHz帯を中心にキャリア各社は通信サービスを提供しています。5Gではこれら従来の周波数帯域に対して進化させる方向で研究が進められています。

一方で、これらの通信帯域に加えて5Gでは、3～30GHzの「センチメートル波」、30GHz以上の「ミリ波」と呼ばれる高周波数帯域も利用されます。これら高い周波数帯はこれまで移動通信で使われてこなかったこと、特性として高速性には優れているものの、回り込みが少なく、障害物に弱い(結果として通信可能範囲が狭い)点など、克服すべき課題があります。とはいえ、今までとは異なる用途での使用が期待されています。

9-6

爆発的に増加する通信デバイス

今後のインターネットではIoTの通信量が激増するので、LPWAという通信方式が注目されています。

2020年には300億個、産業、自動車、医療などで増加

IoTの普及によって、「ヒトの通信」から「**モノの通信**」へと変革が求められています。

総務省の平成29年版情報通信白書『データ主導経済と社会変革』では、今後のIoT市場において、ネットに接続されるデバイスの数は2021年までに約348億個まで増大すると予想されています。それだけ膨大な数（日本で言えば人口の約300～350倍）のデバイスが接続されることは、現在のインターネット環境では想定されていません。

IoT機器の成長性を分野・産業別にみると、スマートフォンやパソコンの市場は成熟に向かう一方で、コネクテッドカーや通信機能の搭載された工場オートメーション（FA）機器、センサーウエアラブル機器など、多様な用途のデバイスが通信するようになると考えられています。同白書では「IoTの成長の牽引役の一つとして『産業用途』は、いわゆるM2Mの普及に伴い大きく成長し、デバイス数は既に30億個に達しており、今後も引き続き拡大する用途の一つである。同様に『自動車』や『医療』は、規模については現時点では小さいが今後特に増加が見込まれる」と分析しています。

世界のIoTデバイス数の推移及び予測

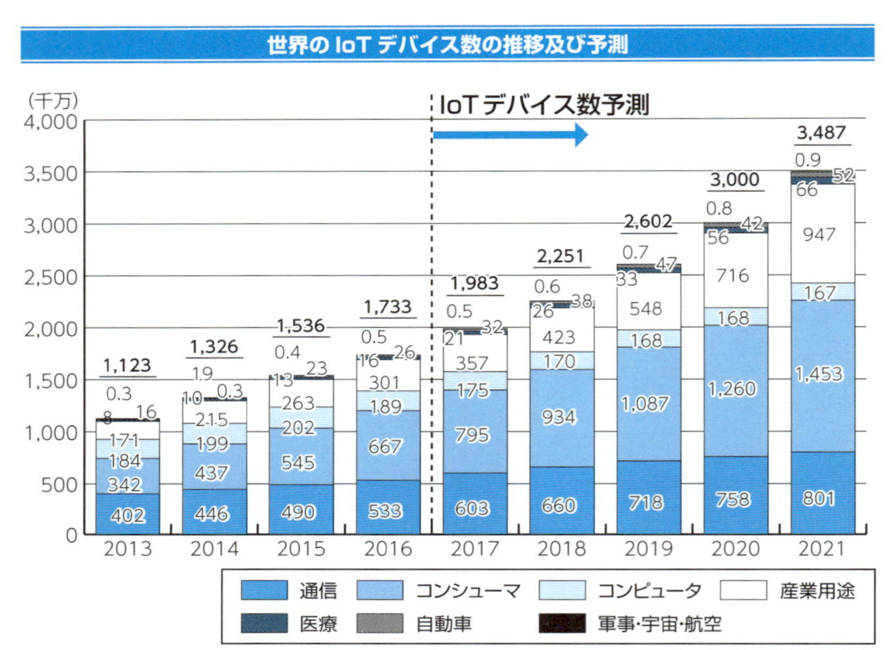

出典　IHS Technology：平成29年版情報通信白書

分野・産業別のIoTデバイス数及び成長率

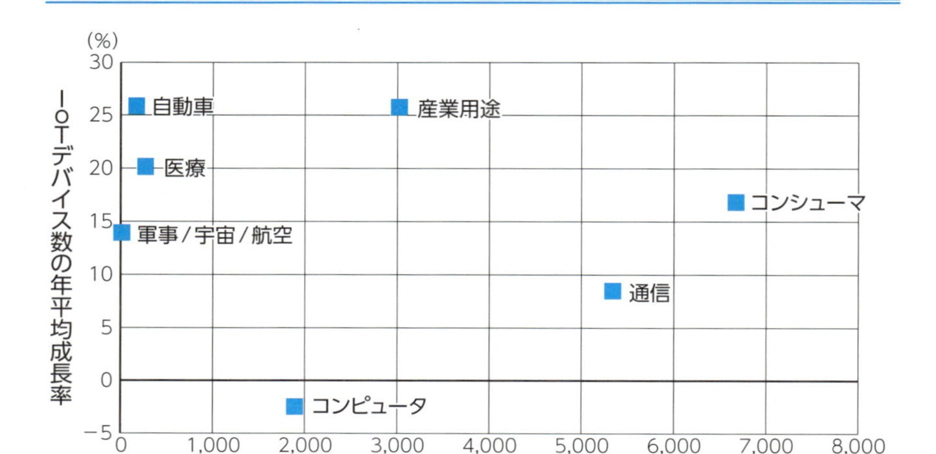

出典　IHS Technology：平成29年版情報通信白書

そこで次世代のインターネットでは、「ヒトの通信」と「モノの通信」を分けて考えるべきとの考えが主流になります。今後、爆発的に増加すると予測されるIoTのセンシング機器との通信を前提にした場合、いかに広域をカバーし、低電力で通信できるかが重要視されるからです。

LPWAが注目される理由

その解のひとつが「**LPWA**」です。LPWAは「Low Power, Wide Area」の略で、省電力で広範囲をカバーする通信技術を意味しています。短いものでも1Km、長いものでは50Kmの範囲をカバーすることを目標としています。

IoTを支える無線方式はLPWA

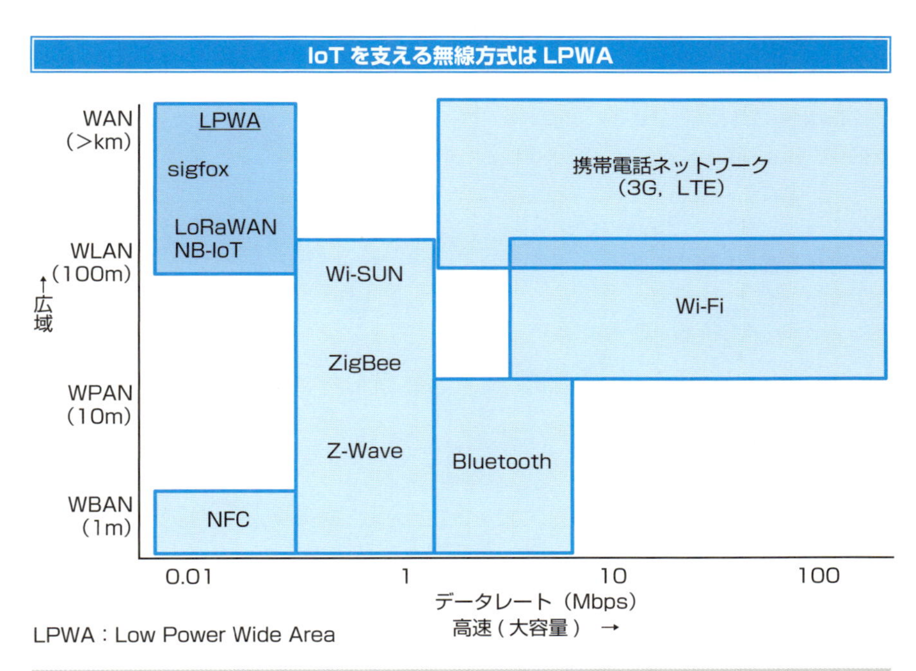

縦軸が広域性、横軸が通信速度(データレート:Mbps)による、各通信規格の分布。LPWAは通信速度は遅く、広域性が高い通信規格となる。

出典　KCCSの資料をもとに編集部で作成

モバイル通信にはいろいろな規格があります。Bluetoothは数メートル、Wi-Fiで数10mの通信距離です。データ通信の高速性能ではWi-FiやLTEが優れています。通信は低速でも、数kmという広域をカバーし、省電力の「LPWA」がIoTには重要になると考えられています。

LPWAは既にたくさんの規格が登場していて、デファクトスタンダード（事実上の標準）を巡る争いがはじまっています。大別するには2つの方法があるでしょう。

ひとつは、4GやLTEのように「3GPPが規格の策定を行うもの」（認可された規格）と「そうでないもの」（認可が不要な規格）、もうひとつの大別方法は周波数です。

▼3GPPが規格の策定を行っているLTEでのLPWA

LTE周波数帯域を使うLPWA

・NB-IoT（LTE Cat.NB1）
・LTE Cat.M1
・LTE Cat.1

認可が不要なLPWA

・SIGFOX
・LoRaWAN（LoRa）
・IM920
・Wi-Fi HaLow
・Wi-SUN
・RPMA
・FlexNet

使用する周波数帯域で大別すると、多くは「**サブGHz帯**」と呼ばれる、1GHzより少し低い周波数帯（866MHz帯、915MHz帯、920MHz帯）を使用する規格となります。それ以外では、さらに低い280MHz帯の規格、従来からある最も混み合っているとも言われる2.4GHz帯を使用するもの等があります。これらは免許不要な通信規格です。

▼周波数帯での区分

サブGHz帯（866～920MHz帯近辺）
・SIGFOX
・LoRaWAN（LoRa）
・IM920
・Wi-Fi HaLow
・Wi-SUN

2.4GHz
・RPMA

低周波（280MHz）
・FlexNet

LTE周波数帯域
・NB-IoT（LTE Cat.NB1）
・LTE Cat.M1
・LTE Cat.1

日本で有力視されている規格

では、日本で有力視されている規格は、どのような特徴があるのでしょうか。

◆NB-IoT

「**NB-IoT**」はモバイル通信技術「LTE」規格の中で、IoT機器向けとして策定されている規格です。通信速度は受信28kbps/送信63kbpsと低速です〔参考までに通常のLTEは最大150Mbps程度（理論値）〕。

LTE周波数帯域は認可が必要であり、LTE規格の一部として策定が検討されていることもあり、3GPPがLTE通信を行っている「NB-IoT」「Cat.M1」「Cat.1」の3規格については通信大手3社、NTTドコモ、KDDI、ソフトバンクは対応するサービスの事業化を進めています。LTEでは隣り合う周波数帯域の通信と混信を避けるため、使用する帯域の上下に「**ガードバンド**」と呼ばれる使用していない帯域がありますが、NB-IoT等ではそこを使用するという案が出ています。

◆SIGFOX

それよりも早く、実践での実証実験や導入実績を残したいと考えているのが、認可が不要な規格群です。なかでも「**SIGFOX**」（シグフォックス）と「**LoRa**」（LoRaWAN、ローラ）には、積極的な動きが見られます。

SIGFOXはフランスのSIGFOX S.A.が提供していて、IoT向けグローバルネットワークをうたっています。SIGFOXは世界的に1国1社で運営する方針を持っているため、日本では京セラコミュニケーションシステム（KCCS）が独占的に事業展開をし、提携パートナーを募っています。世界的に見ると70か国（2020年1月現在）で展開しています。日本では920MHz帯、免許不要帯域を使用し、通信速度は100bpsと低速、当初は上り方向（IoT端末側からの送信のみ）、同時接続は約100台、といった仕様での提供となります（欧州では868MHz帯、米国では902MHz帯、日本を含めたアジアパシフィックでは920MHz帯のサブギガ帯を使用）。

最大の特徴は通信料金が安いことで、KCCSの発表によれば「100万回線以上、1日の通信が2回以下の通信という条件なら、年間100円程度からの通信費」「最も多く想定しているのは、1日の通信回数が50回以下、契約台数数万台、年間で4～600円くらい」としています。

◆LoRaWAN（LoRa）

「**LoRa**」（ローラ）は**Long Range**（長距離）の略称で、米国の半導体メーカー大手のSemtechやIBM、ZTE、Orangeなどが設立時に参画している「LoRaアライアンス」（LoRa Alliance）によって標準化が推進されているオープンな通信規格です。2020年1月時点で、展開しているのは143か国、LoRaWAN Allianceの会員は500社以上と発表されています。

「LoRa」は通信方式を指し、「**LoRaWAN**」はネットワークとなります。**スペクトル拡散技術**を使い、異なるデータレートの通信の干渉を抑えます。通信速度は50kbps以下、通信距離は8km ～ 15km程度としていますが、市街地と郊外、山間部では大きく変わってくるようです。日本国内では日本アイ・ビー・エム、ソラコム（SORACOM）、ソフトバンクなどが実証実験や運用を開始していて、多くの事業者が手がけていることが長所のひとつです。また、規格上は上り/下りの双方向の通信に対応しています。

◆100km以上飛ぶソニーのLPWA技術「ELTRES」（エルトレス）

次世代の通信技術として期待されているLPWAに、ソニーが電撃参戦しました。

2017年4月、ソニー（ソニーセミコンダクタソリューションズ株式会社）は、独自開発のLPWA技術を発表しました。

2019年9月からは、ソニーネットワークコミュニケーションズが関東、東海、関西の主要エリアで屋外IoT向けのネットワークサービスを開始し、NECネッツエスアイ、オリックスなどが商用サービスを開始しています（東京都、埼玉県、神奈川県、千葉県、茨城県、愛知県、兵庫県、大阪府、京都府）。また、2020年からは全国展開も予定しています。

電波の周波数帯域は、920.6MHz～928.0MHzのプラチナバンド（38チャネルのうちの1チャネルを使用）です。送信速度は約80bps。端末から送信専用の一方向通信となります。消費電力は、1日1回位置データを送信する場合なら、コイン電池で10年動作可能ということです。

最大の特徴は、山頂クラスに受信基地局を設置すれば約100km遠方の距離から送信を受信できることです。実証実験では富士山の五合目に設置した基地局へ、奈良県の日出ヶ岳から送信できたと言い、その距離は274kmになります。展示会でも東京スカイツリーと東京近郊地図の模型が展示され、東京スカイツリーの基地局で受信が確認できた地点が色付けされていました。それによれば、ソニーの研究所がある厚木付近からでも十分に通信が可能ということです。

もう1つの特徴はクルマのような**移動体**でも通信が可能なことです。実証実験では時速40km走行のクルマでは安定した通信が可能で、100kmで移動中でも通信が可能としています。導入時期は未定ですが、既に実証実験を共同で開始している中部電力やアイ・オー・データ機器、日本システムウエアなどの提携先が初期に発表されています。

索引
INDEX

Q

R

S

U

V

あ行

か行

さ行

【著者紹介】

神崎　洋治（こうざき　ようじ）

自動運転、ロボット、人工知能、IoT、デジタルカメラ、撮影とレタッチ、スマートフォン等に詳しいテクニカルライター兼コンサルタント。ロボット情報ウェブサイト「ロボスタ」でロボットや人工知能等に関するニュースやコラムを執筆中。
1996年から3年間、アスキー特派員として米国シリコンバレーに住み、ベンチャー企業の取材を中心にパソコンとインターネット業界の最新情報をレポート。以降ジャーナリストとして日経BP社、アスキー、ITmediaなどで幅広く執筆。テレビや雑誌への出演も多数。詳細はホームページ参照（http://www.trisec.co.jp/magazine.html）。

ロボット関連の最新動向を追った書籍『Pepperの衝撃！パーソナルロボットが変える社会とビジネス』(日経BP社)、『図解入門　最新　人工知能がよ～くわかる本』『図解入門　最新　IoTがよ～くわかる本』（秀和システム）、『シンギュラリティ』（創元社）、『人工知能解体新書』『ロボット解体新書』（SBクリエイティブ）など、AIやロボット関連ITライターとして活躍中。
そのほかの書籍ではレタッチ関連の『Photoshop CS6 パーフェクトマスター』（秀和システム）や『PhotoshopとLightroomによるRAW現像＆レタッチ術』（日経BP社）、デジタルカメラのしくみを解説した『体系的に学ぶデジタルカメラのしくみ　第四版』（日経BP社）の執筆や『史上最強カラー図解　プロが教えるデジタル一眼カメラのすべてがわかる本』（ナツメ社）の監修でも知られる。電子ブック写真集の出版を手がけるほか、年間8000枚以上の写真や画像のレタッチをこなすクリエイターでもある。

連載コラム『神崎洋治のロボットの衝撃！』（ロボスタ）
http://robotstart.info/author/kozaki

【図版作成】
有限会社ブルーインク

図解入門
最新 CASEがよくわかる本

発行日 2020年 3月 10日 第1版第1刷

著 者 神崎 洋治

発行者 斉藤 和邦
発行所 株式会社 秀和システム
〒135-0016
東京都江東区東陽2-4-2 新宮ビル2F
Tel 03-6264-3105（販売） Fax 03-6264-3094
印刷所 三松堂印刷株式会社 Printed in Japan

ISBN978-4-7980-6014-9 C0034